"十二五"职业教育国家规划教材
经全国职业教育教材审定委员会审定
（高职高专）

BENGWEIHU
YU
JIANXIU

泵维护与检修

第二版

杨雨松 等编著　　李晓东 主审

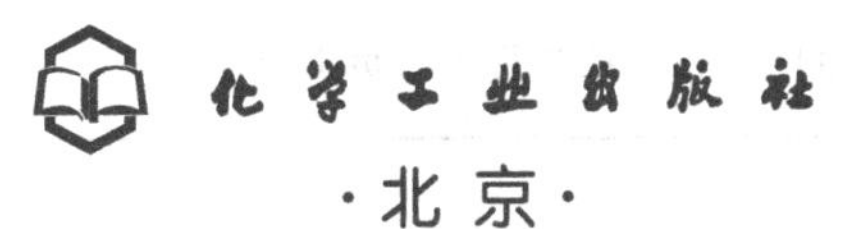

化学工业出版社
·北京·

《泵维护与检修》是化工设备检修专业人才培养模式与课程体系改革的专业核心课程，紧紧围绕《泵维护与检修课程标准》提出的要求，强调技能与生产相匹配、知识与技能相匹配，突出实用性、专业针对性。本教材对泵的类型、结构、工作原理、维护与检修进行了全面详细的讲解，根据典型工作任务，全书共设计认识泵、泵的整体安装、悬臂式和双支承离心泵维护与检修、多级泵维护与检修、特殊泵维护与检修五个教学情境，每个情境又设二级、三级子情境，以4学时为一个完整的教学基本单元，每个单元都有工作任务单和过程考核单。

本教材按78学时编写，既可作为高职高专化工机械专业的专业课教材，也可作为石化等非机械专业的学生机泵拆装实训的指导书，还可供石油化工企业成人教育和工程技术人员使用和参考。

图书在版编目（CIP）数据

泵维护与检修/杨雨松等编著. —2版. —北京：化学工业出版社，2015.11（2024.6重印）
“十二五”职业教育国家规划教材
ISBN 978-7-122-25271-5

Ⅰ.①泵… Ⅱ.①杨… Ⅲ.①泵-维修-高等职业教育-教材 Ⅳ.①TH307

中国版本图书馆CIP数据核字（2015）第229477号

责任编辑：高 钰　　装帧设计：史利平

出版发行：化学工业出版社（北京市东城区青年湖南街13号 邮政编码100011）
印　　装：北京七彩京通数码快印有限公司
787mm×1092mm 1/16 印张8½ 字数204千字 2024年6月北京第2版第10次印刷

购书咨询：010-64518888　售后服务：010-64518899
网　　址：http://www.cip.com.cn
凡购买本书，如有缺损质量问题，本社销售中心负责调换。

定　　价：29.00元

前言

《泵维护与检修》作为国家骨干校建设的特色教材，2012 年 7 月出版后，受到广大师生的一致好评，得到了教育专家和同行的肯定，2014 年被教育部评为国家“十二五”规划教材，2014 年 3 月《泵维护与检修》课程建设被辽宁省教育厅评为教学成果二等奖。在第一版的基础上，编委会组织任课老师、企业专家再次以教材内容和形式进行论证、修改和完善。

本版教材在教学内容的选择上，继续紧紧围绕《泵维护与检修课程标准》提出的要求，在内容编排上以对行业、企业、岗位的调研为基础，以对职业岗位群的责任、任务、工作流程分析为依据，以实际操作的工作任务为载体重新组织内容，强调技能与生产相匹配、知识与技能相匹配，突出实用性、专业针对性。

本教材具有如下一些特点：

(1) 基于工作过程开发的教学内容，在教学实施上力求以学生能力发展为本位，以现场实训和网络资源为手段，融教、学、做为一体，实现基础理论、职业素质和操作能力同步，保证教材使用的有效性。

(2) 在课堂评价上，对整个教学过程进行全过程考核，着重过程评价，弱化终结性评价，把评价作为提升再学习效能的反馈工具，保证教材使用的科学性。

(3) 加大校企合作共同开发教材的力度，充分征求从事泵的维护与检修工作的企业一线工程技术人员的意见和建议，他们把多年的企业检修的实际经验都溶入到了本书中，书中的维修规程、技术数据和图片都是来自于企业真实环境。

(4)《泵维护与检修》第一版经过三年的使用，已经收到了满意的教学效果，并应用到了企业员工的培训中，受到了企业工程技术人员的高度评价。

(5) 教材在每一个子情境以工作过程进行设计，通过学习任务单清楚知识目标、能力目标和素质目标，通过工作任务单明确课堂应该完成的任务，内容上图文并茂，让学生有直观的感觉，必要的理论知识以《知识链接》的形式出现在过程的最后。

(6) 本教材的内容已制作成用于多媒体教学的 PPT 课件，并将免费提供给采用本书作为教材的院校使用。如有需要，请发电子邮件至 cipedu@163.com 获取，或登录 www.cipedu.com.cn 免费下载。

本教材按 78 学时编写。既可作为高职高专化工机械专业的专业课教材，又可作为石化等非机械专业的学生机泵拆装实训的指导书，也可作为石油化工企业职工岗位培训，技工、中职业技能培训教材。

参加本教材编著的有：杨雨松（编著学习情境三）、边疆（编著学习情境四）、陆锦岳（编著学习情境一）、谷雨（编著学习情境五）、金雅娟（编著学习情境二）。全书由杨雨松教授负责统稿。

本教材由李晓东教授担任主审。教材编写过程中郝万新、武海斌、高琪妹等同志提出了许多保贵意见，在此一并表示感谢！

由于我们水平所限，书中的不妥之处欢迎广大读者和任课教师提出批评意见和建议，并及时反馈给我们，如果需要网络资源可登录 http//www.lnpc.edu.cn。

编著者

2015 年 5 月

第一版前言

泵维护与检修是化工设备检修专业人才培养模式与课程体系改革的专业核心课，本课程通过机泵维修钳工的典型工作任务分析，基于工作过程课程的构建，重视学生的职业能力培养，使学生具有从事本岗位职业必须具备的多种能力。

在教学内容的选择上，本教材紧紧围绕《泵维护与检修课程标准》提出的要求，强调技能与生产相匹配、知识与技能相匹配，突出实用性、专业针对性。在学生构建专业岗位知识、掌握维修工艺流程、熟练维修操作技能等专业能力的同时，重视培养学生良好的职业道德、严谨的工作态度、团队合作精神、摄取知识和信息的能力、知识和技能的迁移能力等态度目标，达到培养人的最终目的。

本教材具有如下一些特点：

(1) 具有完整的知识体系，信息量大，特色鲜明，对泵的类型、结构、工作原理、维护与检修进行了全面详细的讲解。根据典型工作任务，全书共设计五个学习情境，每个学习情境又设二级、三级学习子情境，以4学时为一个完整的教学基本单元，每个单元都有工作任务单和过程考核单，使学生学习过程中能有的放矢。

(2) 教学的每一个子情境以工作过程进行设计，图文并茂，让学生有直观的感觉，必要的理论知识以“知识链接”的形式出现在最后。

(3) 基于工作过程开发的教学内容，学生通过学习任务单清楚知识目标、能力目标和素质目标，通过工作任务单明白课堂应该完成的任务，并有针对性地进行预习，最后配有项目考核单，对整个教学过程进行全过程考核。

(4) 校企合作共同开发教材，参与教材的编著者是从事泵的维护与检修工作的企业一线工程技术人员，他们把多年企业检修的实际经验都融入到了本书中，书中的维修规程、技术数据和图片都是来自于企业真实环境。

本教材按78学时编写。既可作为高职高专化工机械专业的专业课教材，又可作为石化等非机械专业的学生机泵拆装实训的指导书，也可作为石油化工企业职工岗位培训，技工、中职技能培训教材。

参加本教材编著的有：杨雨松（编著学习情境三）、边疆（编著学习情境四）、陆锦岳（编著学习情境一）、谷雨（编著学习情境五）、金雅娟（编著学习情境二）。全书由杨雨松负责统稿。

本教材由李晓东教授担任主审。教材编写过程中郝万新、武海斌、高琪妹等同志提出了许多宝贵意见，在此一并表示感谢！

由于编著者水平所限，书中的不妥之处欢迎广大读者和任课教师提出批评意见和建议，并及时反馈给我们。

编著者

2012年2月

目录

学习情境一 认识泵 1

学习情境二 离心泵的整体安装 16

学习情境三　悬臂式和双支承离心泵维护与检修　42

学习情境四 多级泵维护与检修 84

学习情境五 特殊泵维护与检修 107

学习情境一

认　识　泵

【情境导入】 人们日常生活中的高楼供水和消防专用管路供水，冬季取暖锅炉供水，石油化工企业的液体输送等，都是通过泵来提高液体的扬程，使其能达到一定的高度和压力。通过对教学视频和现场参观了解泵的实际应用和泵的工作原理，学生现场对泵的开车和停车进行实际操作，掌握泵的操作规程和常见故障的排除。

【学习任务单】

<table>
<tr><td>学习领域</td><td>泵维护与检修</td><td>学时</td></tr>
<tr><td>学习情境一</td><td>认识泵</td><td>8</td></tr>
<tr><td>学习目标</td><td colspan="2">(1)知识目标
①了解离心泵在日常生活和石油化工企业中的应用；
②了解离心泵的工作原理,性能参数和汽缚、汽蚀现象；
③掌握离心泵的操作规程。
(2)能力目标
①熟练进行泵的操作；
②能判断开车和停车过程中的故障并能排除。
(3)素质目标
①培养学生安全操作意识；
②培养学生在泵的操作过程中团队协作意识。</td></tr>
<tr><td colspan="3">1. 任务描述
带领学生参观锅炉生活供水和消防供水系统,参观西区实训基地化工装置,了解泵在日常生活和石油化工企业中实际应用,了解泵的类型、牌号、性能和工作原理,对化工设备实训室内的泵的装置进行现场开车和停车的操作,掌握泵的操作规程。
2. 任务实施
①学生分组,每小组6～8人；
②小组按工作任务单进行任务分析和相关知识学习；
③小组讨论确定任务实施方案；
④现场参观和泵的实际操作；
⑤检查总结。
3. 相关资源
①教材；②录像；③教学课件；④动画；⑤各种泵。
4. 拓展任务
泵的性能曲线及汽蚀现象。
5. 教学要求
①认真进行课前预习,充分利用教学资源；
②充分发挥团队合作精神,制订合理的开停车方案；
③团队之间相互学习,相互借鉴,提高学习效率。</td></tr>
</table>

学习子情境一　离心泵的应用、性能及工作原理

【工作任务单】

学习情境一	认识泵
学习子情境一	离心泵的应用、型号及工作原理
小组	
工作时间	4学时
案例引入	
现场参观学院生活供水、锅炉供水和消防供水系统，参观学院西区实训基地石油化工装置和乙酸乙酯装置，观看泵在石油化工装置中各种应用场合，让学生对泵进行全面的了解。	
任务要求	
本学习子情境对学生的要求： ①课前通过各种教学资源，对泵有一初步的了解； ②参观过程中，注意观察并能提出问题； ③提高注意安全意识，一切行动听指挥。	
工作任务	
①准备好工作服、安全帽和学习用具。 提示：按企业的安全标准，对学生进行安全教育，穿好工作服，戴好安全帽，女生不能穿高跟鞋等。	
②离心泵在生活和石油化工企业中都应用到哪些场合？ 提示：通过观看教学录像，现场参观，写出参观报告。	
③化工泵是怎样分类的？离心泵是怎样进行实际工作的？ 提示：通过教材和教学录像，掌握泵的分类，通过动画演示，了解泵的工作原理。	
④识别各种泵的牌号。 提示：通过参观熟知每台泵的型号，各参数代表的意义，掌握各种泵的型号。	
⑤了解离心泵的汽缚和汽蚀现象。 提示：通过动画来了解泵的汽缚和汽蚀，掌握避免出现汽缚和汽蚀的方法。	

【任务实施】

泵在生活和石油化工企业的应用如下。

1. 泵的专业实训室

西区实训基地的化工设备专业实训室，泵装置如图 1-1 所示。

(a) 实训室南侧

(b) 实训室北侧

图 1-1 专业实训室

2. 单级单吸离心泵

各种形式的单级单吸离心泵如图 1-2 所示。

图 1-2 单级单吸离心泵

3. 多级离心泵

多级泵如图 1-3 所示。

4. 特殊用途泵

各种特殊用途泵如图 1-4 所示。

5. 国外进口泵

国外泵如图 1-5 所示。

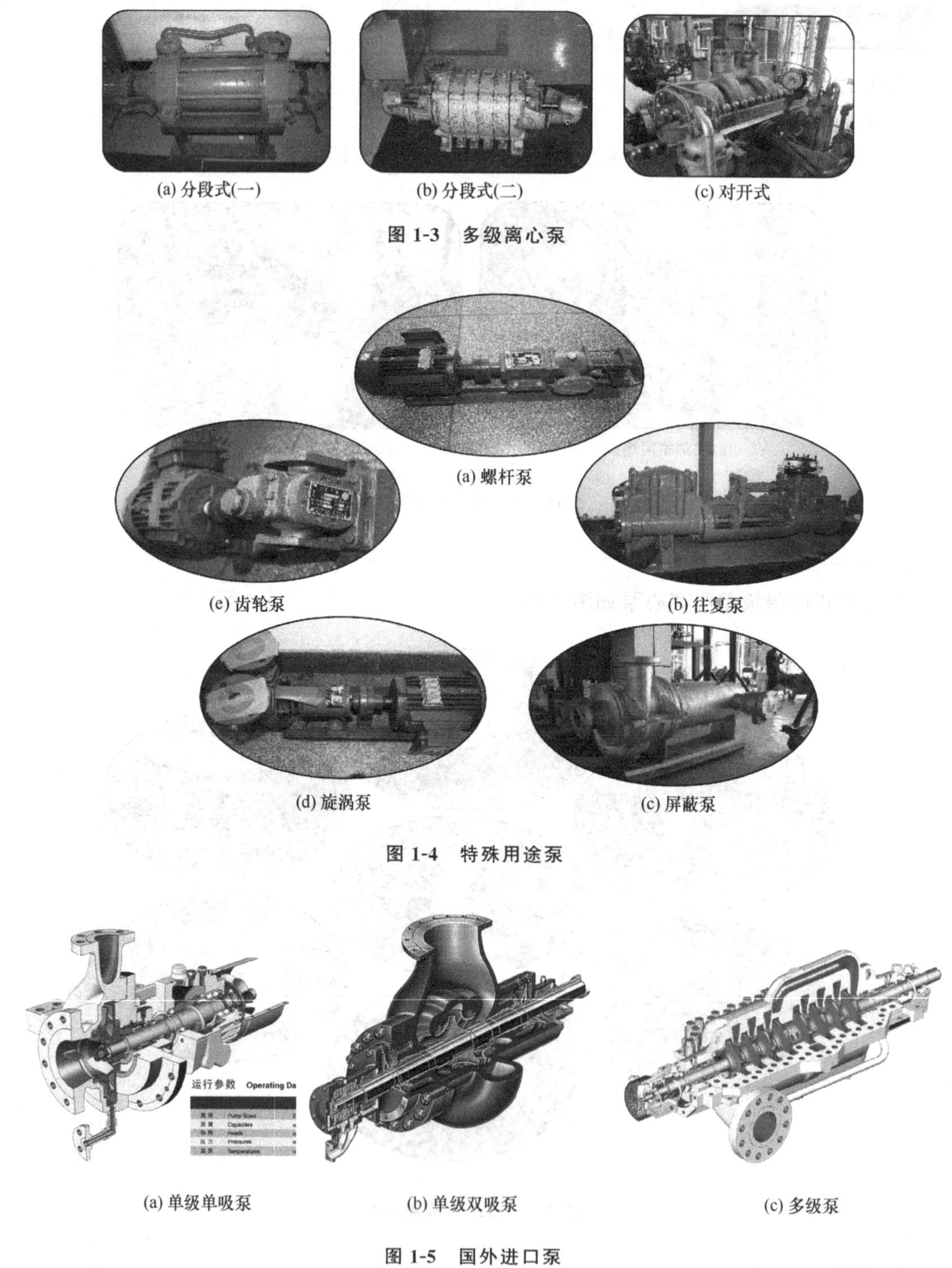

(a) 分段式(一)　(b) 分段式(二)　(c) 对开式

图 1-3　多级离心泵

(a) 螺杆泵　(b) 往复泵　(c) 屏蔽泵　(d) 旋涡泵　(e) 齿轮泵

图 1-4　特殊用途泵

(a) 单级单吸泵　(b) 单级双吸泵　(c) 多级泵

图 1-5　国外进口泵

【知识链接】

知识点一　化工常用泵的分类

泵是用来输送液体并增加液体能量的一种机器。它能够将液体从低处送往高处，从低压升为高压，或者从一个地方送往另一个地方。通常，它以一定的方式将来自原动机的机械能传递给被送液体，使液体的能量（位能、压力能或动能）增大，依靠泵内被送液体与液体接纳处之间的能量差，将被送液体压送到液体接纳处。

泵主要用来输送水、油、酸碱液、乳化液、悬乳液和液态金属等液体，也可输送液、气混合物及含悬浮固体物的液体。

一、按工作原理分类

（1）动力式泵　动力式泵是通过高速旋转的叶轮或高速运动的流体将能量连续地施加于被送液体，使其在泵壳内的速度增加到最大值，随后，通过泵壳内流道截面的变化，速度逐渐降低，并将其动能部分地转化为泵出口的压能。动力式泵又可分为叶片式和喷射式（特殊作用泵）两类。根据流体在泵壳内的流动方向，又可进一步分为离心泵、轴流泵等。

（2）容积式泵　容积式泵是依靠若干封闭空间容积的周期性变化，通过挤压的方式将能量施加于液体，使压力值直接增加到所需要的数值，以便通过阀或孔口把液体输送到管线中去。根据增压元件的运动特点，容积式泵基本上可分为往复式和转子式两类。

（3）其他类型的泵　包括依靠电磁力输送电导体流体的电磁泵；依靠流体流动的能量输送液体的喷射泵、空气扬水泵以及依靠水流本身的位差能来输送液体的水击泵等。

二、按使用条件分类

（1）大流量泵与微流量泵　流量分别为 $300m^3/min$ 和 0.01L/h。

（2）高温泵与低温泵　高温高达 500℃，低温低至－253℃。

（3）高压泵与低压泵　出口压力低于 2MPa 的称低压泵，在 2～6MPa 之间的称中压泵，高于 6MPa 的称高压泵。

（4）高速泵与低速泵　高速高达 24000r/min，低速低至 5～10r/min。

三、按输送介质分类

（1）水泵　包括清水泵、锅炉给水泵、凝水泵、热水泵等。

（2）耐蚀泵　包括不锈钢泵、高硅铸铁泵、陶瓷耐酸泵、不透性石墨泵、衬硬氯乙烯泵、屏蔽泵、隔膜泵、钛泵等。

（3）杂质泵　包括液浆泵、砂泵、污水泵、煤粉泵、灰渣泵等。

四、按化工用途分类

（1）工艺（装置）用泵　包括进料泵、回流泵、循环泵、塔底泵、产品泵、输出泵、注入泵、燃料油泵、冲洗泵、补充泵、排污泵和特殊用途泵等。

（2）公共设施用泵　包括锅炉的给水泵、凝水泵、热水泵、余热泵和燃料油泵，凉水塔的冷却水泵和循环水泵，以及水源用深井泵、排污用污水泵、消防用泵、卫生用泵等。

（3）辅助用泵　包括润滑油泵、封油泵和液压传动用泵等。

（4）管路输送介质用泵　包括输油管线用泵和装卸车用泵等。

知识点二　离心泵的型号

我国泵类产品的型号编制通常由三个单元组成。离心泵的型号第一单元通常是以 mm 表示泵的吸入口直径。但大部分老产品用“英寸”表示，即以 mm 表示的吸入口直径被 25 除后的整数值。第二单元是以汉语拼音的字首表示的泵的基本结构、特征、用途及材料等。如 B 表示单级悬臂式离心清水泵；D 表示分段多级泵；F 表示耐腐蚀泵等。第三单元表示泵的扬程。有时泵的型号尾部后会有 A 或 B，这是泵的变型产品标志，表示在泵中装的叶轮是经过切割的。

目前我国泵行业用国际标准 ISO 2851—1975（E）的有关标记及额定性能参数和尺寸设计制造了新型号泵。其型号意义如表 1-1 所示。

表 1-1 离心泵的基本型式及其代号

泵的型式	型式代号	泵的型式	型式代号
单级单吸离心水泵	IS,IB	卧式凝结水泵	NB
单级双吸离心水泵	S,SH	立式凝结水泵	NL
分段式多级离心泵	D,DA	立式筒袋型离心凝结水泵	LDTN
分段式多级离心泵(首级为双吸)	DS	卧式疏水泵	NW
分段式多级锅炉给水泵	DG	单级离心油泵	Y
卧式圆筒形双壳体多级离心泵	YG	筒式离心油泵	YT
多级离心式油泵	YD	单级单吸卧式离心灰渣泵	PH
中开式多级离心泵(首级为双吸)	DKS	长轴离心深井泵	JC
热水循环泵	R	单级单吸耐腐蚀离心泵	IH
屏蔽式离心泵	P	自吸式离心泵	Z
漩涡离心泵	WX	一般漩涡泵	W
耐腐蚀液下式离心泵	FY	耐腐蚀泵	F
离心式管道油泵	YG	多级立式筒形离心泵	DL
单级单吸悬臂式离心清水泵	B,BA	多级前置泵(离心泵)	DQ

离心泵的型号表示方法举例如表 1-2 所示。

表 1-2 离心泵的型号表示方法

1. 二级单吸离心泵 100YⅡ-100×2A 100——泵吸入口直径，mm Y——单级离心油泵 Ⅱ——泵用材料代号，第二种不耐腐蚀的碳素钢 100——泵的单级扬程值，m A——叶轮外径第一次车削 2——泵的级数(即叶轮数)	2. 分段式多级锅炉给水泵 DG 46-305 DG——卧式、单级分段锅炉给水泵 46——泵设计点流量，m^3/s 30——泵设计点单级扬程，m 5——泵的级数(即叶轮数)
3. 分段式多级离心泵 200D-43×9 200——泵入口直径，mm D——分段式多级离心泵 43——泵设计点单级扬程值，m 9——泵的级数(即叶轮数)	4. 单级单吸离心水泵 IS 80-65-160 IS——国际标准单级清水离心泵 80——泵入口直径，mm 65——泵出口直径，mm 160——泵叶轮名义直径，mm

知识点三 离心泵的工作原理、特点及汽缚、汽蚀现象

一、离心泵的工作原理

离心泵主要是通过叶轮旋转使液体获得能量，通过蜗壳收集减速使液体动能转变成静压能来压送液体。当离心泵充满液体时，由于叶轮的高速旋转，叶道内的液体在叶片的作用下随同叶轮作圆周旋转；在离心力的作用下，液体沿叶道不断从中心流向四周，并进入蜗壳中，然后通过排出管排出；当液体从中心高速流向四周时，在叶轮的中心部位便形成低压

（真空），低于大气压力。在大气压力的作用下，液体便从吸入管进入泵内以补充被排出的液体；叶轮不断地旋转，离心泵便连续不断地吸入和排出液体，如图1-6所示。

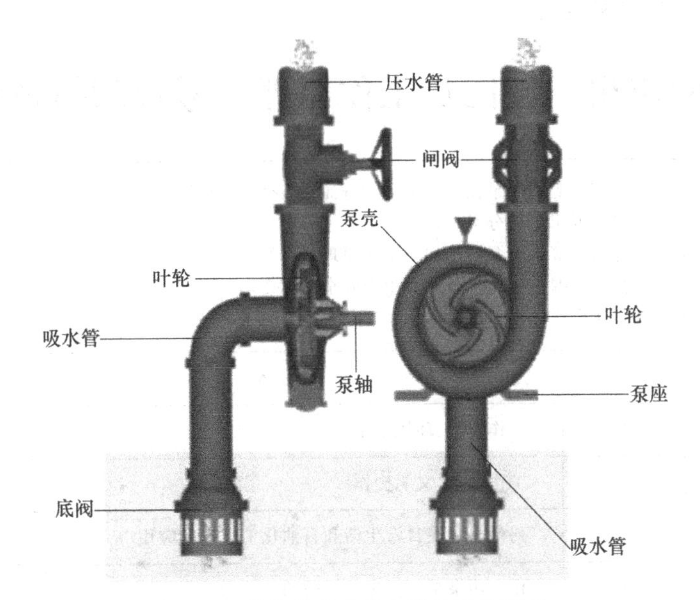

图1-6　单级单吸式离心泵的结构原理

二、离心泵的特点

转速高，体积小，重量轻，效率高，流量大，结构简单，性能平稳，容易操作和维修；其不足是无自吸能力，启动前需灌满液体，易发生汽蚀，泵效率受液体黏度影响大，扬程很高、流量很小时效率极低。

三、离心泵的汽缚现象

离心泵启动时，如果泵壳内存在空气，由于空气的密度远小于液体的密度，叶轮旋转所产生的离心力很小，叶轮中心处产生的低压不足以造成吸上液体所需要的真空度，这样，离心泵就无法工作，这种现象称作“气缚”，如图1-7所示。

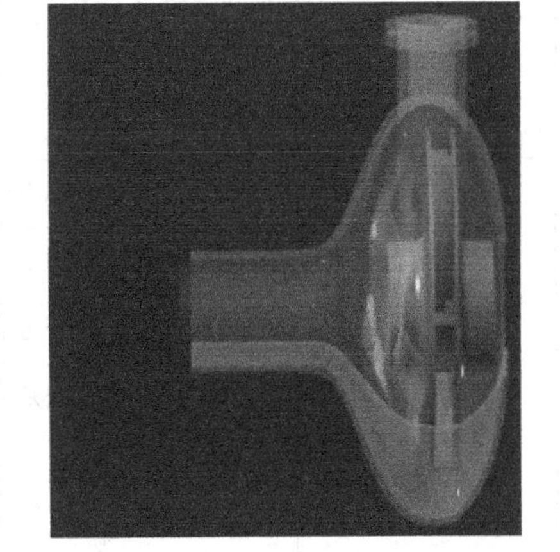

图1-7　汽缚现象

为了使启动前泵内充满液体，在吸入管道底部装一止逆阀。此外，在离心泵的出口管路上也装一调节阀，用于开停车和调节流量。

四、离心泵的汽蚀现象

当泵内某点的压强低至液体饱和蒸汽压时，部分液体将汽化，产生的气泡被液流带入叶轮内压力较高处再凝聚。由于凝聚点处产生瞬间真空，造成周围液体高速冲击该点，产生剧烈的水击。瞬间压力可高达数十兆帕，众多的水击点上水击频率可高达数十千赫兹，且水击能量瞬时转化为热量，水击点局部瞬时温度可达230℃以上。

症状：噪声大、泵体振动，流量、压头、效率都明显下降。

后果：高频冲击加之高温腐蚀同时作用使叶片表面产生一个个凹穴，严重时呈海绵状而迅速破坏。

防止措施：把离心泵安装在恰当的高度位置上，确保泵内压强最低点处的静压超过工作温度下被输送液体的饱和蒸气压。

《离心泵的应用、性能及工作原理》考核项目及评分标准

考核要求	①能够说明离心泵在日常生活和石油化工企业的应用。 ②能够说明泵的分类。 ③能够了解离心泵的结构和工作原理。 ④能够掌握石油化工企业对生产安全具体要求。 ⑤团队合作能力。			
考核内容	序号	考 核 内 容	分值	得分
考核准备	1	工作着装、环境卫生	5	
	2	工作安全，文明操作	5	
考核知识点	3	列举出泵在日常生活和石油化工生产的应用	10	
	4	化工用泵是如何进行分类的	10	
	5	说出五种以上泵的型号及意义	10	
	6	说出泵发生汽缚现象的原因及处理办法	10	
	7	说出泵发生汽蚀现象的原因及处理方法	10	
	8	绘制泵一个工作循环的工艺流程图，写出泵的操作过程	15	
团队协作	9	团队合作能力	10	
	10	自主操作能力	5	
	11	是否为中心发言人	5	
	12	是否是主操作人	5	
考核结果				
组长签字				
实训教师签字				
任课教师签字				

学习子情境二　离心泵的性能、启动及运行

【工作任务单】

学习情境一	认识泵
学习子情境二	离心泵的性能、启动及运行
小组	
工作时间	4 学时
案例引入	
确定学院西区实训基地各种装置泵的开车和停车操作方案，以小组为单位进行实际操作，了解泵运行过程中各参数的意义及之间的关系，对泵的性能进行现场测试。	
任务要求	
本学习子情境对学生的要求： ①课前通过各种教学资源，对泵的操作有一定的认识； ②了解泵装置的各种阀门，并能进行独立操作； ③按操作规程进行，注意安全，做到文明操作。	
工作任务	
①通过教学资源学习泵的性能参数。 提示：通过 PPT 和教材获取知识。	
②了解离心泵的性能曲线，说明性能曲线反映哪些参数性能。 提示：通过 PPT 和教材获取知识。	
③确定离心泵的开车方案并进行开车操作。 提示：离心泵启动前需要做哪些准备工作，需要做哪些检查，通过录像和教材等资源来获取相应的知识。	
④确定离心泵的停车方案并进行操作。 提示：通过录像和教材等资源获取知识，离心泵的停车步骤有哪些。	
⑤判断开停车过程中的故障并能进行处理。 提示：观察泵在运转过程中的参数变化，振动情况，温度变化等，对出现的不正常现象能及时处理。	

【任务实施】

一、泵的开车操作

1. 开车过程

① 检查装置的管路和设备情况，关闭出口阀门，如图 1-8（a）所示。

② 打开入口阀门，将阀门转到最大位置后回转一圈，如图 1-8（b）所示。

③ 打开管路下方的阀门，观察水是否进入泵体内，如图 1-8（c）所示。

④ 打开放空阀门，使泵体内的空气排除，防止出现气缚现象，如图 1-8（d）所示。

⑤ 启动以前先对电动机和泵盘车，判断是否转动自如，如图 1-8（e）所示。

⑥ 按下启动按钮，泵开始运转，如图 1-8（f）所示。

⑦ 慢慢打开出口阀门，观察流量和压力表的参数变化，如图 1-8（g）所示。

⑧ 根据参数变化进行现场调整。

(a) 关闭出口阀门　(b) 打开入口阀门
(c) 打开管路下方的阀门　(d) 打开放空阀门
(e) 盘车　(f) 按下启动按钮
(g) 调整出口流量

图 1-8　泵的开车过程

2. 开车注意事项

① 泵启动时，应先打开入口阀门，关闭出口阀门使流量为零，其目的是减小电动机的启动电流。但出口阀也不能关闭时间太长，否则泵内液体因叶轮搅动而使温度很快升高，而产生汽蚀。所以，待泵出口压力稳定后立即缓慢打开出口阀门，调节所需的流量和扬程；关闭出口阀门时，泵的连续运转时间不应过长。

② 往复泵、齿轮泵、螺杆泵等容积式泵启动时，必须先开启进、出口阀门。

③ 泵启动时，对于高温（或低温）泵，要做预热（或预冷）时要慢慢地把高温（或低温）液体送到泵内进行加热（或冷却）。泵内温度和额定温度的差值在25℃以内。开启入口阀门和放空阀门，排出泵内气体，当预热到规定温度后，再关好放空阀门。

④ 对大黏度油品泵如果不预热，油会凝结在泵体内，造成启动后不上量，或者因启动力矩大，使电机跳闸。

⑤ 泵在启动时检查加入到轴承中的润滑脂或润滑油是否适量，强制润滑时，要确认润滑油的压力是否保持在规定的压力。

⑥ 蒸汽泵的汽缸，在启动时应以蒸汽进行暖缸，并及时排出冷凝水。

⑦ 水泵启动时应将泵内充满水。充水时，打开放气阀，待泵内充满水后将放气阀关闭。

⑧ 耐酸泵启动时，应使出口阀全开，以免因酸液在泵壳内搅动升温而加剧对泵的腐蚀。

⑨ 用脆性材料（如硅铁、陶瓷、玻璃等）制造的泵，在启动时应严防骤冷或骤热，不允许有大于50℃温差的突然冷热变化。

3. 泵运行中的注意事项

① 泵在运行中，要注意填料压盖部位的温度和渗漏。正常的填料渗漏应不超过每分钟10～20滴。

② 在泵运行中，若泵吸入空气或固体，会发出异常声响，并随之振动。

③ 在泵运行中，如果备用机的逆止阀泄漏，而切换阀一直开着，要注意因逆流而使备用机产生逆转。

④ 泵在正常运转中调节流量时，不能采用减小泵吸入管路阀门开度的方法来减小流量，否则会造成泵入口流量不足而使泵产生汽蚀。

⑤ 在泵运行中，对于需要冷却水的轴承，要注意水的温度、水量，设法使轴承温度保持在规定范围内。

二、泵的停车操作

1. 停车过程

停车过程如图1-9所示。

(a) 关闭出口阀门　(b) 按下关闭按钮　(c) 关闭入口阀门

图1-9　泵的停车过程

2. 停车注意事项

① 泵运行中因断电而停车时，先关闭电源开关，后关闭排出管道上的阀门。

② 泵在停车时，对轴流泵，在关闭出口阀之前，先打开真空阀。

③ 泵在停车时，至轴封部位的密封液体，在泵内有液体时，最好不要中断。

④ 热油泵在停车时要注意，各部分的冷却水不能马上停，要等各部分温度降至正常温度时方可停冷却水；严禁用冷水洗泵体，以免泵体冷却速度过快，使泵体变形；关闭泵的出口阀、入口阀、进出口连通阀；每隔15～30min盘车180°，直至泵体温度降至100℃以下。

⑤ 对于出口管未装单向阀的离心泵，停泵时应先逐渐关闭出口阀门，然后停止电机；若先停电机就会使高压液体倒灌，导致叶轮反转而引起事故。

⑥ 低温泵停车时，当无特殊要求时，泵内应经常充满液体；吸入阀和排出阀应保持常开状态；采用双端面机械密封的低温泵，液位控制器和泵密封腔内的密封液应保持泵的灌浆压力。

⑦ 输送易结晶、易凝固、易沉淀等介质的泵，停泵后应防止堵塞，并及时用清水或其他介质冲洗泵和管道。

⑧ 离心泵应先关闭排出管道上的阀门，再切断电源，等泵冷却后再关闭其他的阀门。

⑨ 泵在停车时，对于淹没状态运行的泵，停车后把进口阀关闭。

【知识链接】

知识点一　泵的基本参数

一、流量

流量就是泵在单位时间内输送出的液体量。它可以用体积流量 Q 来表示，也可以用质量流量 Q_m 来表示。体积流量的常用单位是 m^3/s、m^3/h 或 L/s，质量流量的常用单位是 kg/s 或 t/h。质量流量与体积流量的关系，用下式表示为

$$Q_m = \rho Q$$

式中　ρ——流体的密度，kg/m^3。

二、扬程（压头）

单位重量的液体通过泵后能量的增加值，也就是泵能把液体提升的高度或增加压力的多少。用符号 H 表示，它的单位用 m（液柱）或 N·m/N 来表示。

三、功率

泵的功率分为有效功率、轴功率和原动机功率。

有效功率，是指单位时间内通过泵的流体所获得的功率，即泵的输出功率，用符号 N_e 表示，单位为 kW。泵输送液体时单位时间对液体所做的功，可按下式计算

$$N_e = \frac{\rho g H Q}{1000}$$

式中　H——泵的扬程，m（液柱）；

Q——泵的流量，m^3/s；

ρ——泵输送液体的密度，kg/m^3；

g——重力加速度，$g=9.807m/s^2$。

轴功率，是指单位时间内由原动机传到泵轴上的功，用符号 N 表示，单位为 W 或 kW。

四、效率

效率是指泵的有效功率与轴功率之比值，用公式表示泵效率 η 为

$$\eta=\frac{N_e}{N}\times 100\%$$

式中　N_e——泵的有效功率，kW；

N——泵的轴功率，kW。

泵的效率反映了泵中能量损失的程度。泵内液体流动时能量损失越小，泵的效率越高，也就是说液体从原动机中所得的功率有效部分越大。由于泵在运行时，存在容积损失、水力损失和机械损失。所以，泵的总效率 η 可用公式表示为

$$\eta=\eta_v\eta_h\eta_m$$

式中　η_v——容积效率；

η_h——水力效率；

η_m——机械效率。

五、转速

转速是指泵轴每分钟的转数，用符号 n 表示，单位为 r/min。对于同一台泵来说，当转速固定时，将产生一定的流量、扬程（压头），并对应着一定的轴功率；当转速改变时，流量、扬程及轴功率都将随之而改变。

六、允许汽蚀余量 Δh

为保证泵运转时不发生汽蚀，应使泵所需要的汽蚀余量比泵的最小汽蚀余量要大 0.3～0.5m，即泵需要的允许汽蚀余量 Δh 为：$\Delta h=\Delta h_{min}+(0.3\sim0.5)$m。液体从泵入口到叶轮最低压力点处所降低的能量（压头）通称为泵必需的最小汽蚀余量。有些泵以允许吸上真空高度［H_s］来表示抗汽蚀性能，通常取为$[H_s]=H_{min}-(0.3\sim0.5)$m；$H_{smax}$是泵在发生汽蚀时的安装高度，称为最大吸上真空高度或临界吸上真空高度。

知识点二　泵的性能曲线

泵的性能曲线是在固定的转速下，离心泵的基本性能参数（流量、压头、功率和效率）之间的关系曲线，如图 1-10 所示。性能曲线是在固定转速下测出的，只适用于该转速，故特性曲线图上都注明转速 n 的数值。性能曲线图上绘有三种曲线：H-Q 曲线；N-Q 曲线；η-Q曲线。

一、H-Q 曲线

变化趋势：离心泵的压头在较大流量范围内是随流量增大而减小的。不同型号的离心泵，H-Q 曲线的形状有所不同。较平坦的曲线，适用于压头变化不大而流量变化较大的场合；较陡峭的曲线，适用于压头变化范围大而不允许流量变化太大的场合。

二、N-Q 曲线

变化趋势：N-Q 曲线表示泵的流量 Q 和轴功率 N 的关系，N 随 Q 的增大而增大。显然，当 Q 为零时，泵轴消耗的功率最小。启动离心泵时，为了减小启动功率，应将出口阀关闭。

三、η-Q 曲线

变化趋势：开始 η 随 Q 的增大而增大，达到最大值后，又随 Q 的增大而下降。η-Q 曲线最大值相当于效率最高点。泵在该点所对应的压头和流量下操作，其效率最高，与该点相

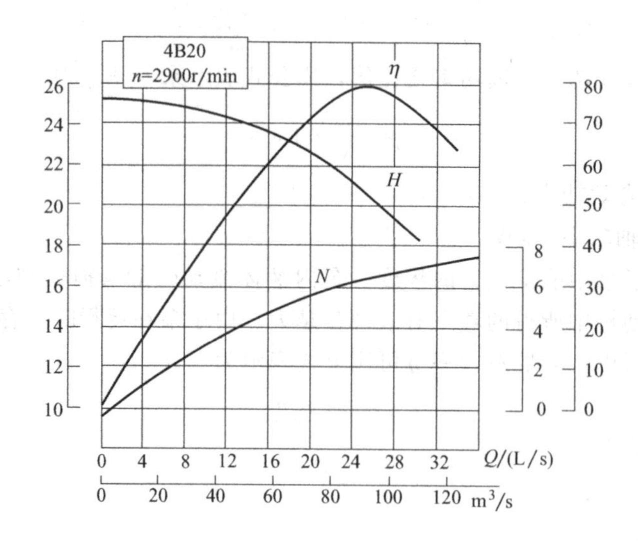

图 1-10 某离心泵的性能曲线

对应的工况称为最佳工况点，故该点为离心泵的设计点。

知识点三 泵的能量损失

实际液体从泵入口到泵出口流动过程存在以下三种能量损失，这些能量损失使离心泵效率下降。

一、水力损失

液体流经所接触的流道总会出现表面摩擦，由此而产生的能量损失主要取决于通道的长短、大小、形状、表面粗糙度以及液体的流速特性。它包括液体流入叶道及压液室流道时产生的冲击损失、液体流经吸液室及扩压管等的沿程摩擦阻力损失和液体流经上述各处因转弯及收缩或扩大等所产生的旋涡损失。

二、容积损失

因密封间隙的漏失造成的损失叫容积损失。容积损失有密封环漏失损失、平衡机构的漏失损失、级间漏失损失和填料漏失损失。为减小容积损失应将密封间隙尽量缩小并提高密封件的耐磨性、装配精度等。

1. 密封环漏泄损失

在泵工作时，由于密封环两侧存在着压力差，所以始终会有一部分液体从叶轮出口向叶轮入口漏泄。漏泄液体的能量全部用到克服密封环阻力上了。

2. 平衡机构漏泄损失

在不少的离心泵中，都设有平衡轴向推力的机构，如平衡孔、平衡管、平衡盘等。由于在平衡机构两侧存在着压力差，因而也有一部分液体从高压区域向低压区域漏泄。

3. 级间漏泄损失

在涡壳式多级泵中，级间隔板两侧压力不等，因而也存在漏泄损失。

三、机械损失

机械损失包括泵轴与轴承及密封装置的摩擦损失及叶轮前后盖板外表面与液体之间的摩擦损失（轮阻损失）。机械损失与流量无关。

《离心泵的性能、启动及运行》考核项目及评分标准

<table>
<tr><td>考核要求</td><td colspan="4">①能够说出离心泵的性能参数和性能曲线及应用。
②离心泵开车前的准备和注意事项。
③熟练操作离心泵的开车和停车。
④对离心泵的开停车和运转过程中发生的故障处理。
⑤文明操作,团队合作能力。</td></tr>
<tr><td>考核内容</td><td>序号</td><td>考 核 内 容</td><td>分值</td><td>得分</td></tr>
<tr><td rowspan="2">考核准备</td><td>1</td><td>工作着装、环境卫生</td><td>5</td><td></td></tr>
<tr><td>2</td><td>工作安全,文明操作</td><td>5</td><td></td></tr>
<tr><td rowspan="6">考核知识点</td><td>3</td><td>泵的性能参数和性能曲线的应用</td><td>10</td><td></td></tr>
<tr><td>4</td><td>离心泵工作过程中能量损失</td><td>10</td><td></td></tr>
<tr><td>5</td><td>离心泵的启动过程</td><td>15</td><td></td></tr>
<tr><td>6</td><td>启动后运转过程中调节及故障处理</td><td>10</td><td></td></tr>
<tr><td>7</td><td>停车准备及离心泵停车过程</td><td>10</td><td></td></tr>
<tr><td>8</td><td>停车时故障处理及环境恢复</td><td>10</td><td></td></tr>
<tr><td rowspan="4">团队协作</td><td>9</td><td>团队合作能力</td><td>10</td><td></td></tr>
<tr><td>10</td><td>自主操作能力</td><td>5</td><td></td></tr>
<tr><td>11</td><td>是否为中心发言人</td><td>5</td><td></td></tr>
<tr><td>12</td><td>是否是主操作人</td><td>5</td><td></td></tr>
<tr><td>考核结果</td><td colspan="4"></td></tr>
<tr><td>组长签字</td><td colspan="4"></td></tr>
<tr><td>实训教师签字</td><td colspan="4"></td></tr>
<tr><td>任课教师签字</td><td colspan="4"></td></tr>
</table>

学习情境二

离心泵的整体安装

【情境导入】 一台新的离心泵按工艺上的要求，安装到指定的地点，工程技术人员首先要对泵的基础进行检查，确定基础尺寸，然后进行底座的安装，在底座上对泵体和电机进行安装，安装电机时要对联轴器进行找正，使电动机的轴线与泵的轴线完全同轴。

学习子情境一　底座和泵体的安装

【学习任务单】

学习领域	泵维护与检修	
学习情境二	离心泵的整体安装	学时
学习子情境一	底座和泵体的安装	4
学习目标	1. 知识目标 ①了解设备基础和土建知识； ②掌握小型设备的搬运方法； ③掌握水平仪的正确使用方法，掌握垫片的摆放方法。 2. 能力目标 ①能熟练使用安装和测量工具对底座进行水平测试； ②能熟练使用安装工具调整底座和泵体的位置。 3. 素质目标 ①培养学生在泵安装过程中具有安全操作和文明安装意识； ②培养学生在泵的安装过程中团队协作意识和吃苦耐劳的精神。	
1. 任务描述 生产车间新购进一台小型离心泵，根据工艺的要求，已经确定了安装位置，并已经打好基础，要求工程技术人员将离心泵底座和泵体安装到位。 2. 任务实施 ①学生分组，每小组8～10人； ②小组按工作任务单进行分析和资料学习； ③小组讨论确定工作方案； ④现场操作； ⑤检查总结。 3. 相关资源 ①教材；②录像；③教学课件；④泵体、底座。 4. 拓展任务 泵基础的制作方法，底座无垫铁安装法，安装后对基础的二次灌浆。 5. 教学要求 ①认真进行课前预习，充分利用教学资源； ②充分发挥团队合作精神，制订合理的安装方案； ③团队之间相互学习，相互借鉴，提高学习效率。		

【工作任务单】

学习情境二	离心泵的整体安装
学习子情境一	底座和泵体的安装
小组	
工作时间	4学时
案例引入	
土建部门在实训室内已经做好安装泵的基础，学生要对基础外观尺寸和强度进行检查，根据泵的工艺要求，将泵的底座和泵体安装到基础上。	
任务要求	
本学习子情境对学生的要求： ①课前做好预习，了解设备基础的相关知识和尺寸要求等； ②确定底座和泵体的安装方案； ③熟悉水平仪等量具的使用方法； ④小组之间独立完成任务，注意文明操作。	
工作任务	
①做好测量和安装工具的准备，技术资料的准备等工作。 提示：工具和量具应准备到位，图纸等技术资料齐全。	
②基础的检查工作。 提示：根据泵的安装工艺要求，对基础进行外观和强度检查。	
③垫铁的形式及摆放的原则。 提示：通过教材等教学资源，了解垫铁的各种形式及摆放的原则。	
④确定底座安装方案，进行实际安装操作。 提示：小组进行讨论后进行交流，确定最佳方案。	
⑤确定泵体的安装方案，进行实际安装操作。 提示：小组进行讨论后进行交流，确定最佳方案。	
⑥安装后的检查，确定二次灌浆方案。 提示：各小组互相进行检查。明确二次灌浆的目的和方法。	

【任务实施】

一、泵安装前的准备

1. 化工泵安装前应具备的技术资料

① 泵的出厂合格证明书。

② 制造厂提供的有关重要零件和部件的制造、装配等质量检验证书及机器的试运转记录。

③ 泵与设备安装平面布置图、安装图、基础图、总装配图、主要部件图、易损零件图及安装使用说明书等。

④ 泵的装箱清单。

⑤ 有关的安装规范及安装技术要求或方案。

2. 开箱检验及管理

泵的开箱检验应在有关人员的参加下，按照装箱清单进行，其内容如下。

① 核对泵的名称、型号、规格、包装箱号、箱数，并检查包装情况。

② 检查随机技术资料及专用工具是否齐全。

③ 对主机、附属设备及零部件进行外观检查。并核实零部件的品种、规格、数量等。

④ 检验后应提交有签证的检验记录。

泵和各零部件，若暂不安装，应采取适当的防护措施妥善保管，严防变形、损坏、锈蚀、老化、错乱或丢失等现象。凡与机器配套的电气、仪表等设备及配件，应由各专业人员进行验收，妥善保管。

3. 泵安装前施工现场应具备的条件

① 土建工程已基本结束，即基础具备安装条件，基础附近的地下工程已基本完成，场地已平整。

② 施工运输和消防道路畅通。

③ 施工用的照明、水源及电源已备齐。

④ 安装用的起重运输设备具备使用条件。

⑤ 备有零部件、配件及工具等的储存设施。

⑥ 机器周围的各种大型设备及其上方管廊上的大型管道均已吊装完毕。

⑦ 备有必要的消防器材。

二、底座的安装

1. 离心泵基础的制作

(1) 基础的功用　由土建部门根据泵底座的尺寸，按照强度要求，制作基础如图 2-1 所示。基础的功用主要有根据生产工艺的要求把机器及设备牢固地固定在一定的位置上（符合设计标准和中心线位置）；承受机器及设备的全部质量和运行时的作用力所产生的负荷，并将它均匀地传递到土壤中去；吸收和隔离因动力作用所产生的振动，防止发生共振现象。

(2) 质量检查及验收　根据上述功用，要求基础必须有足够的强度、刚度和稳定性；耐介质的腐蚀；不发生下沉、偏斜和倾覆；同时又要节省材料及费用。基础质量差，不仅影响机器及设备的正常运行，使机器及设备的寿命缩短，而且可能危及厂房的安全。

为了确保机器在基础上正常工作，避免由于机器运转时所产生的惯性力的影响导致基础发生沉陷现象，在安装机器前，一定要对基础进行预压试压，预压时间为 70～120h，加在

图 2-1 泵的基础

基础上的预压力应为机器质量的 1.5～1.7 倍。为了使基础混凝土达到预定的强度，基础浇灌完毕后不允许立即进行机器的安装，而应该至少保养 7～14 天，当机器在基础上面安装完毕后，应至少经过 15～30 天后才能进行机器的试运转。如果需要提前进行机器试运转，必须在基础施工阶段采取必要的措施或者采用快干水泥。

在安装机器及设备前，应严格地进行基础质量的检查和验收工作，保证安装质量，缩短安装工期，并可避免在安装过程中对基础某些部分作额外的补修工作。

当基础建成后，土建部门在交出基础给安装部门时，必须附有基础的形状及主要几何尺寸的实测图表、基础坐标的实测图表、基础标高的实测图表、基础沉陷的观测记录和基础质量合格证的交接证书等技术文件。

基础验收的具体工作就是根据图纸和技术规范，对基础工程进行全面的检查。在基础外观方面，要求不得存在裂缝、蜂窝、空洞、漏筋等缺陷，如发现缺陷应立即予以处理。其他内容还包括基础的外形尺寸、空间位置和强度、地脚螺栓预埋情况或预留孔位置、防振隔振措施等。化工机械的基础尺寸和位置质量要求见表 2-1。

表 2-1 基础尺寸和位置质量要求 mm

项　目	项　　数	允许偏差值
1	基础坐标位置(纵、横轴线)	±20
2	基础各不同平面的标高	−20
3	基础平面外形尺寸 凸台上平面外形尺寸 凹穴尺寸	±20 −20 ±20
4	平面水平度(包括地坪上需安装设备部分) 每米 全长	 5 10
5	垂直度 每米 全高	 5 10
6	预埋地脚螺栓 标高(顶部) 中心距(在根部和顶部两处测量)	 ±20 ±2

续表

项　目	项　　数	允许偏差值
7	预留地脚螺栓孔 中心位置 深度 孔壁的垂直度	 ±10 ±20 10
8	预埋活动地脚螺栓锚板 标高 中心位置 水平度(带槽的锚板) 水平度(带螺纹孔的锚板)	 ±20 ±5 5 2

2. 机座安装

(1) 铲麻面　基础验收后，在设备安装前，应在基础的上表面（除放垫铁的地方外）铲出一些小坑，这项工作就称为铲麻面。铲麻面的目的是使二次灌浆时浇灌的混凝土或水泥砂浆能与基础紧密地结合起来，从而保证机器及设备的稳固。铲麻面的方法有手工法和风铲法两种。铲麻面的质量要求是：每 $100cm^2$ 内应有 5～6 个直径为 10～20mm 的小坑。

(2) 放垫铁　在安装机器及设备前，必须在基础上放垫板，在安放垫铁处的基础表面必须铲平，使垫铁与基础表面能很好的接触。

安放垫铁时，可以采用标准垫法（在每一地脚螺栓两侧各放一组垫铁）、井字垫法、十字垫法、单侧垫法和辅助垫法（在两组垫铁之间加放一组辅助垫铁）等，这些垫法如图 2-2 所示。垫铁的面积、组数和放置方法应根据机器及设备的质量和底座面积的大小来确定。放置垫铁应遵守下列原则。

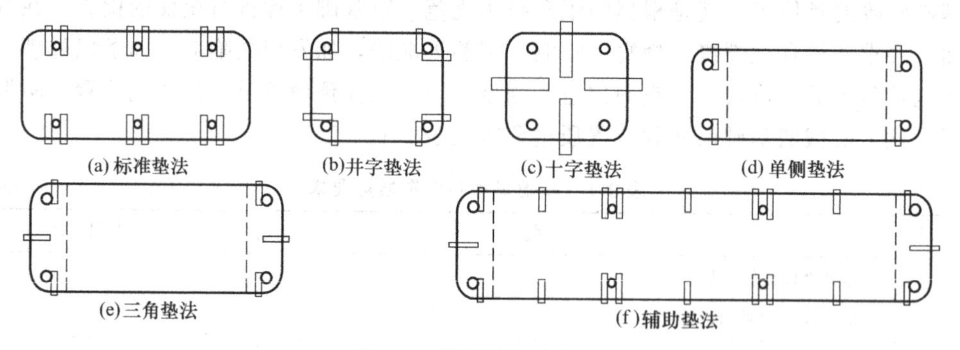

图 2-2　垫铁的摆放方法

① 每个地脚螺栓旁至少应有一组垫铁。相邻两垫铁组的距离，一般应保持 500mm 以内；垫铁组在能放稳和不影响灌浆的情况下，应尽量靠近地脚螺栓，如图 2-3 所示。

② 每一组垫铁内，应将厚垫铁放在下面，薄垫铁放在上面，最薄的垫铁应夹在中间，以免发生翘曲变形；同一组垫铁中，其几何尺寸要相同，同时斜垫铁放在最上面，斜垫铁下面应有平垫铁。

③ 不承受主要负荷的垫铁组使用成对斜垫铁（即把两块斜度相同而斜向相反的斜垫铁沿斜面贴合在一起使用），找平后用电焊焊牢。

④ 承受主要负荷并在设备运行时产生较强连续振动的垫铁组不应采用斜垫铁而只能采用平垫铁。

⑤ 每组垫铁应放置整齐平稳，保证接触良好，设备找平后，每一组垫铁均应被压紧，

图 2-3 垫铁的实际摆放位置

可用 0.25kg 手锤逐组轻轻敲击，听音检查。

⑥ 设备找平后，垫铁应露出设备底座面外缘，平垫铁应露出 25～30mm；斜垫铁应露出 25～30mm；平垫铁伸入设备底座面的长度应超过地脚螺栓的中心。

⑦ 采用调节垫铁时，螺纹部分和调整块滑动面上应涂以润滑脂，找平后，调整块应留有可继续升高的余量。

（3）安装机座 安装机座时，先将机座吊放到垫铁上，然后进行找正和找平。

① 机座的找正。机座找正时，可在基础上标出纵横中心线或在基础上用钢丝线架拉好纵横两条中心线钢丝，然后以此线为准找好机座的中心线，使机座的中心线与基础的中心线相重合。

② 机座的找平。机座找平时，一般采用三点找平安装法。首先在机座的一端垫好需要高度的垫铁，同样在机座的另一端地脚螺栓 1 和 2 的两旁放置需要高度的垫铁，如图 2-4 中的 b_1、b_2、b_3 和 b_4。然后用长水平仪在机座的上表面上找平，当机座在纵、横两个方向均成水平后，拧紧地脚螺栓 1 和 2。最后在地脚螺栓 3 和 4 的两旁加入垫铁，并同样进行找平，找平后再拧紧地脚螺栓 3 和 4，机座安装完毕。

在机座表面上测水平时，水平仪应放在机座的已加工表面上进行，即在图中的 A、B、C、D、E 和 F 等处，在互相垂直的两个方向上用水平仪进行测量，需将水平仪正反地测量两次，取两次的平均读数作为真正的水平度的读数。

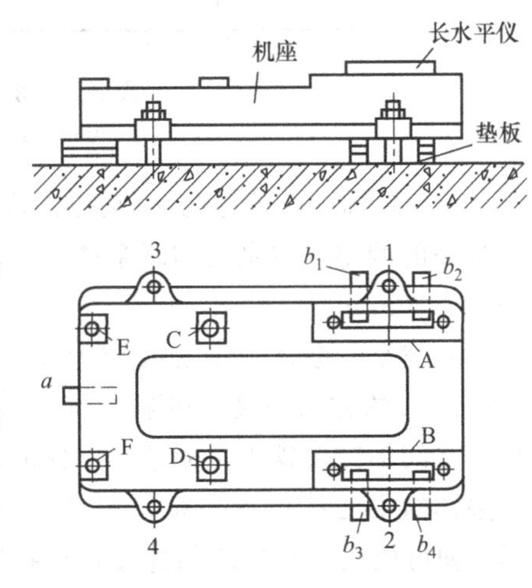

图 2-4 用三点找平法安装机座

三、泵体的安装

机座安装好后，一般是先安装泵体，然后以泵体为基准安装电动机。因为一般的泵体比电动机重，而且它要与其他设备用管路相互连接，当其他设备安装好后，泵体的位置也就确定了，而电动机的位置则可根据泵体的位置来作适当的调整。

离心泵泵体的安装步骤如下。

1. 离心泵泵体的吊装

对于小型泵，可用 2～4 人抬起放到基座上。对于中型泵，可利用拖运架和滚杠在斜面上滚动的方法来运输和安装。对于大中型泵，可利用人字木起重架进行吊装，有时也利用单木起重杆和其他滑轮组配合起来进行吊装。此外，还可利用厂房内或基础上空原有的起重机械（如桥式起重机、电动葫芦等）将泵直接吊装到基础上。吊装时，应将吊索捆绑在泵体的下部，不得捆绑在轴或轴承上。

2. 离心泵泵体的测量和调整

离心泵泵体的测量与调整包括找正、找标高及找平三个方面。

（1）找正　就是找正泵体的纵、横中心线。泵体的纵向中心线是以泵轴中心线为准；横向中心线以出口管的中心线为准。在找正时，要按照已装好的设备中心线（或基础和墙柱的中心线）来进行测量和调整，使泵体的纵、横中心线符合图纸的要求，并与其他设备很好地连接。泵体的纵、横中心线按图纸尺寸允许偏差为±5mm 范围之内。

（2）找标高　泵的标高是以泵轴的中心线为准。找标高时一般都用水准仪来进行测量，其测量方法如图 2-5 所示。测量时，把标杆放在厂房内设置的基准点上，测出水准仪的镜心高度，然后将标杆移到轴颈上，测出轴面到镜心的距离，然后便可按下式计算出泵轴中心线的标高。

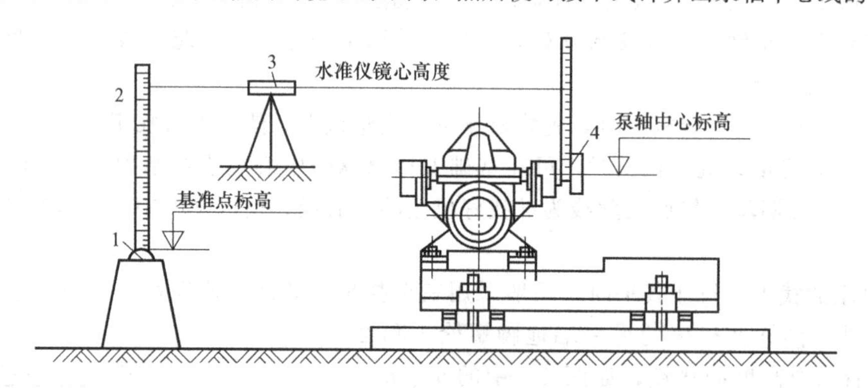

图 2-5　用水准仪测量泵轴中心的标高

1—基准点；2—标杆；3—水准仪；4—泵轴

泵轴中心的标高=(镜心的高度－轴面到镜心的距离－泵轴的直径)÷2

标高的调整，也是用增减泵体的支脚与机座之间的垫片来完成的。泵轴中心标高的允许偏差为±10mm。

（3）找平　泵体的中心线位置及标高找好后，便开始调整泵体的水平，首先用精度为 0.05mm/m 的方水平仪，在泵体前后两端的轴颈上进行测量。调整水平时，可在泵体支脚与机座之间加减薄铁皮来调整。泵体的水平允许偏差一般为 0.3～0.5mm/m。

泵体的中心线位置、标高和水平度找好后，便可把泵体与机座的连接螺栓拧紧，然后再用水平仪检查其水平是否有变动，如果没有变动，便可进行电动机的安装。

图 2-6　泵体和电动机安装完成示意图

四、电动机的安装

安装电动机的主要工作就是把电动机轴的中心线调整到与离心泵轴的中心线在一条直线上。离心泵与电动机的轴是用各种联轴器连接在一起的，所以电动机的安装工作主要的就是联轴器的找正，具体的找正方法将在联轴器的装配中介绍。

离心泵和电动机两半联轴器之间必须

有轴向间隙，其作用是防止离心泵泵轴的窜动作用传到电动机的轴上去，或电动机轴的窜动作用传到离心泵的轴上。因此，这个间隙必须有一定的大小，一般要大于离心泵轴和电动机轴的窜动量之和。通常图纸上对此间隙都有规定，如图纸上无此规定，则可参照下列数字进行调整：小型离心泵为2～4mm；中型离心泵为4～5mm；大型离心泵为4～8mm。安装完成后如图2-6所示。

五、二次灌浆

离心泵和电动机完全装好后，就可进行二次灌浆。待二次灌浆时的水泥砂浆硬化后，须再校正一次联轴器的中心，看是否有变动，并作记录。

知识点一　地脚螺栓

一、地脚螺栓的作用

地脚螺栓的作用是将机器和设备牢固地连接起来，防止机器和设备工作时发生移动和倾覆，并使机器在运行时所产生的不平衡力和振动传到基础上去。

地脚螺栓、螺母和垫圈通常随机器和设备配套供应，并在机器设备说明书中有明确规定。通常情况下，每个地脚螺栓应根据标准配置一个垫圈和一个螺母，但对于振动剧烈的机器，应安装锁紧螺母或双螺母。

二、地脚螺栓的分类

根据地脚螺栓的长度，可将其分成短地脚螺栓和长地脚螺栓两类。短螺栓用来固定质量较轻的、没有剧烈振动和冲击的设备，其长度为100～1000mm。长螺栓用来固定质量较重的、有剧烈振动和冲击的设备，其长度为1～4m。

知识点二　垫　　铁

一、垫铁的作用

垫铁用于调整泵的标高、水平度，使其达到要求值和使基座高出基础一定距离，便于二次灌浆。垫铁还可增加泵在基础上的稳定性，使泵的重量及运转过程中产生的惯性力均匀地传给基础。

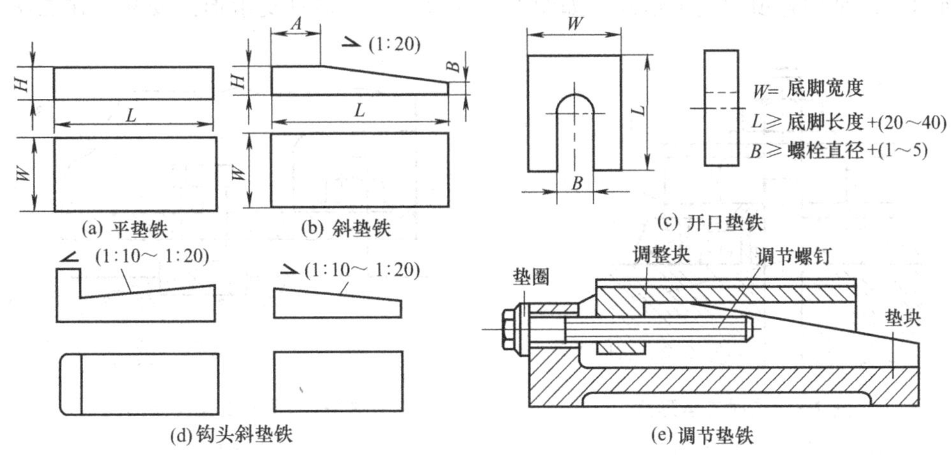

图2-7　垫铁的种类

二、垫铁的种类和规格

垫铁的种类很多，按垫铁的材料来分，可分为铸铁垫铁（厚度为20mm以上）和钢板垫铁（厚度为0.3～20mm之间）两种；按垫铁的形状来分，可分为平垫铁、斜垫铁、钩头斜垫铁、开口垫铁和调节垫铁等五种，如图2-7所示。中小型机器及设备的平垫铁和斜垫铁的尺寸可根据机器及设备的质量从表2-2和表2-3中选择。

表2-2　中小型机器及设备的平垫铁的尺寸　mm

编号	L	W	H	使用范围
1	110	70	3 6 9 12 15 25 40	5t以下的机器设备，20～35mm直径的地脚螺栓
2	135	80	3 6 9 12 15 25 40	5t以上的机器设备，35～50mm直径的地脚螺栓
3	150	100	25 40	5t以上的机器设备，35～50mm直径的地脚螺栓

注：1. 垫铁一般都放在地脚螺栓两侧，如垫铁只放在地脚螺栓一侧，则应按地脚螺栓直径选用大一号的尺寸。

2. 为了精确地调整水平和标高，还采用厚度为0.3mm、0.5mm、1mm和2mm的薄钢板，最上面一块垫铁的厚度应不小于1mm。

表2-3　中小型机器及设备的斜垫铁的尺寸　mm

编号	L	W	H	B	A	使用范围
1	100	60	13	5	5	5t以下的机器设备，20～35mm直径的地脚螺栓
2	120	75	15	6	10	5t以上的机器设备，35～50mm直径的地脚螺栓

知识点三　无垫铁安装法

机器的自身重量及各地脚螺栓的拧紧力均由二次灌浆层来承受的安装方法称为无垫铁安装法。其施工方法如下。

根据机器大小先在基础上均匀布置若干个小千斤顶（或临时垫铁组），再将机器吊装就位。对底座上配有调整顶丝支承的机器应先在基础上进行调整钢垫预埋，再进行机器吊装就位，钢垫板预埋后其顶面水平度的允许偏差为1/1000。

机器就位后，先进行纵、横中心线位置找正，再通过调整千斤顶（临时垫铁组、调整顶丝）使机器的水平度及标高达到初调要求，最后向地脚螺栓预留孔中浇灌混凝土。

混凝土强度达到75%后，对机器进行二次调整，调整完毕，拧紧地脚螺栓，对机器底座进行二次灌浆。二次灌浆应使用无收缩水泥砂浆。

无垫铁安装时，机器吊装到基础上，机座的支承形式有两种，一是临时支承形式，如图2-8所示；二是调整顶丝支承形式，如图2-9所示。对于临时支承形式安装，在二次灌浆时

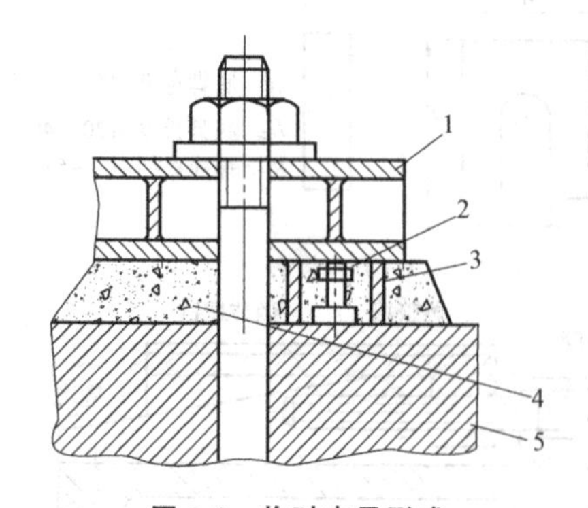

图2-8　临时支承形式

1—机器底座；2—小千斤顶；3—模板；4—二次灌浆层；5—基础

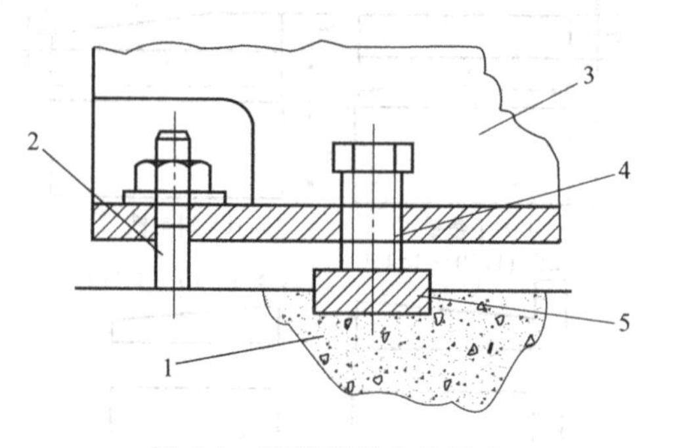

图2-9　调整顶丝支承形式

1—基础；2—地脚螺栓；3—设备；4—调整螺钉；5—支承板

应用模板将千斤顶（临时垫铁组）和灌浆层隔开，二次灌浆层强度达到设计要求的75%以上时，打开模板取出千斤顶（临时垫铁组），同时用混凝土填实空洞，拧紧地脚螺栓，最后进行基础抹面。对于用调整顶丝支承形式安装的在二次灌浆层强度达到设计要求的75%以后，应将调整顶丝松开。

无垫铁安装法调整方便、机座稳定性好，没有垫铁腐蚀、松动等现象。它适用于机座底面较平整的机器。

《底座和泵体的安装》考核项目及评分标准

<table>
<tr><td>考核要求</td><td colspan="4">①能够正确通过课前预习，了解基础等相关知识。
②在规定时间内确定安装方案。
③正确使用测量工具，并能进行调整。
④团队合作，文明操作。</td></tr>
<tr><td>考核内容</td><td>序号</td><td>考 核 内 容</td><td>分值</td><td>得分</td></tr>
<tr><td rowspan="2">考核准备</td><td>1</td><td>工作着装、环境卫生</td><td>5</td><td></td></tr>
<tr><td>2</td><td>工作安全，文明操作</td><td>5</td><td></td></tr>
<tr><td rowspan="6">考核知识点</td><td>3</td><td>安装前的准备工作</td><td>10</td><td></td></tr>
<tr><td>4</td><td>垫铁的形式及摆放</td><td>10</td><td></td></tr>
<tr><td>5</td><td>基础的外观和强度检查</td><td>10</td><td></td></tr>
<tr><td>6</td><td>底座和泵体的安装方案确定</td><td>10</td><td></td></tr>
<tr><td>7</td><td>底座的安装过程</td><td>10</td><td></td></tr>
<tr><td>8</td><td>泵体的安装过程</td><td>15</td><td></td></tr>
<tr><td rowspan="4">团队协作</td><td>9</td><td>团队合作能力</td><td>10</td><td></td></tr>
<tr><td>10</td><td>自主操作能力</td><td>5</td><td></td></tr>
<tr><td>11</td><td>是否为中心发言人</td><td>5</td><td></td></tr>
<tr><td>12</td><td>是否是主操作人</td><td>5</td><td></td></tr>
<tr><td>考核结果</td><td colspan="4"></td></tr>
<tr><td>组长签字</td><td colspan="4"></td></tr>
<tr><td>实训教师签字</td><td colspan="4"></td></tr>
<tr><td>任课教师签字</td><td colspan="4"></td></tr>
</table>

学习子情境二　联轴器的对中

【学习任务单】

<table>
<tr><td>学习领域</td><td colspan="2">泵维护与检修</td></tr>
<tr><td>学习情境二</td><td>离心泵的整体安装</td><td>学时</td></tr>
<tr><td>学习子情境二</td><td>联轴器的对中</td><td>8</td></tr>
<tr><td>学习目标</td><td colspan="2">1. 知识目标
①掌握小型设备的搬运方法；
②掌握百分表的正确使用方法；
③根据测绘的间隙数据进行计算，确定调整量的大小。
2. 能力目标
①能熟练使用安装和运输工具将电动机运送到位；
②能根据现场的测量数据进行熟练计算；
③能熟练使用安装和测量工具对泵体和电动机进行对中调整。
3. 素质目标
①培养学生在泵安装过程中具有安全操作和文明安装意识；
②培养学生在联轴器找正过程中团队协作意识和吃苦耐劳的精神。</td></tr>
<tr><td colspan="3">1. 任务描述
生产车间新购进一台小型离心泵，泵体和底座已经安装到位，进行电动机的安装，要求工程技术人员将电动机与离心泵通过联轴器连接到一起，安装过程中，为了确保泵体与电动机完全同轴，对联轴器要进行找正，联轴器对中后，紧固螺栓安装完毕。
2. 任务实施
①学生分组，每小组4～5人；
②小组按工作任务单进行分析和资料学习；
③小组经过讨论确定工作方案，每小组由中心发言人讲解，经过全体同学讨论，确定最佳工作方案；
④各小组成员分工明确，进行实际操作；
⑤检查总结。
3. 相关资源
①教材；②教学录像；③教学课件；④图片；⑤泵、电动机、底座和安装测量工具。
4. 拓展任务
激光对中仪在联轴器找正中的应用。
5. 教学要求
①认真进行课前预习，充分利用教学资源；
②充分发挥团队合作精神，制订合理的工作方案；
③团队之间相互学习，相互借鉴，提高学习效率。</td></tr>
</table>

学习分情境一　泵体与电动机联轴器间隙测量与调整量的确定

【工作任务单】

<table>
<tr><td>学习情境二</td><td>离心泵的整体安装</td></tr>
<tr><td>学习子情境二</td><td>联轴器的对中</td></tr>
<tr><td>学习分情境一</td><td>泵体与电动机联轴器间隙测量与调整量的确定</td></tr>
<tr><td>小组</td><td></td></tr>
<tr><td>工作时间</td><td>4学时</td></tr>
<tr><td colspan="2">案例引入</td></tr>
<tr><td colspan="2">在生产车间，底座与泵体已经安装到位，安装电动机时，要进行联轴器找正时的间隙测量，根据测量的间隙值通过计算确定支脚下面的调整量。</td></tr>
<tr><td colspan="2">任务要求</td></tr>
<tr><td colspan="2">本学习分情境对学生的要求：
①根据任务要求，准备找正所需要的工具；
②以小组为单位，团队协作，确定联轴器找正方案；
③能正确安装夹具和百分表；
④能准确记录各测量点的数值，进行计算。</td></tr>
<tr><td colspan="2">工作任务</td></tr>
<tr><td colspan="2">①百分表的读法。
提示：数值的正负怎么样来判定，安装时表的指针位置如何确定？</td></tr>
<tr><td colspan="2">②夹具和百分表在联轴器上的安装。
提示：夹具怎样夹在联轴器上，两个百分表的位置怎样确定合理？</td></tr>
<tr><td colspan="2">③在四个测量点的径向和轴向间隙的识读和记录。
提示：根据不同位置表针的旋转方向，记录准确的数值。</td></tr>
<tr><td colspan="2">④量取联轴器计算直径，确定电动机安装的几何尺寸。
提示：量取联轴器的直径，量取测量点到电动机前支脚的距离，量取电动机前后两支脚的距离，量取径向测量点到联轴器表面的距离</td></tr>
<tr><td colspan="2">⑤根据记录的数据进行联轴器找正的计算。
提示：根据所测得的数值，首先在垂直方向上绘制联轴器偏移情况图形，并计算出调整量。</td></tr>
</table>

【任务实施】

一、工具的准备

准备好联轴器对中测量时所需要的工具，如图 2-10 所示。

图 2-10 工具

二、工作过程

1. 百分表的读法

联轴器找正时，先对表进行校准，大小表针是否能归到零的位置如图 2-11（a）所示，安装百分表时先将表调整到一定的压缩量，一般先将小表旋转到 5 的位置，再将大表的指针调整为 0，如图 2-11（b）所示，然后根据表针的转动方向，读取数值。通常情况下，表针顺时针转动为正值，逆时针转动为负值。图 2-11（c）所示指针顺时针转动，此时的读数为 0.60mm，图 2-11（d）所示指针逆时针转动，此时的读数为－0.60mm。

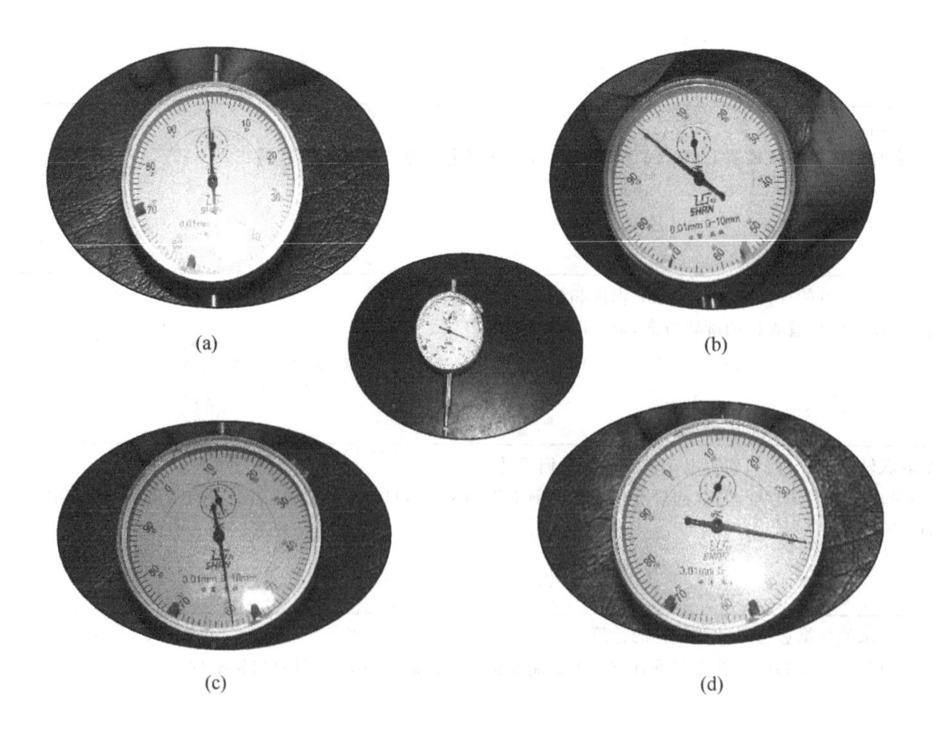

(a) (b) (c) (d)

图 2-11 百分表的读数

2. 初步对中

初步对中过程如图 2-12 所示。

① 将电动机的底座清理干净，电动机搬运到基座上，如图 2-12（a）所示。

② 泵体与电动机联轴器安装，如图 2-12（b）所示。

③ 不加垫片，将电动机地脚螺栓用手旋入，不用预紧，如图 2-12（c）所示。

④ 找正前，先对两半联轴器的顶上用钢尺和垫片测量一下，得出间隙量值 H，如图 2-12（d）所示。

⑤ 在电动机的四个支脚上分别垫上 H 厚的垫片，使泵体和电动机的联轴器的径向间隙减小，如图 2-12（e）所示。

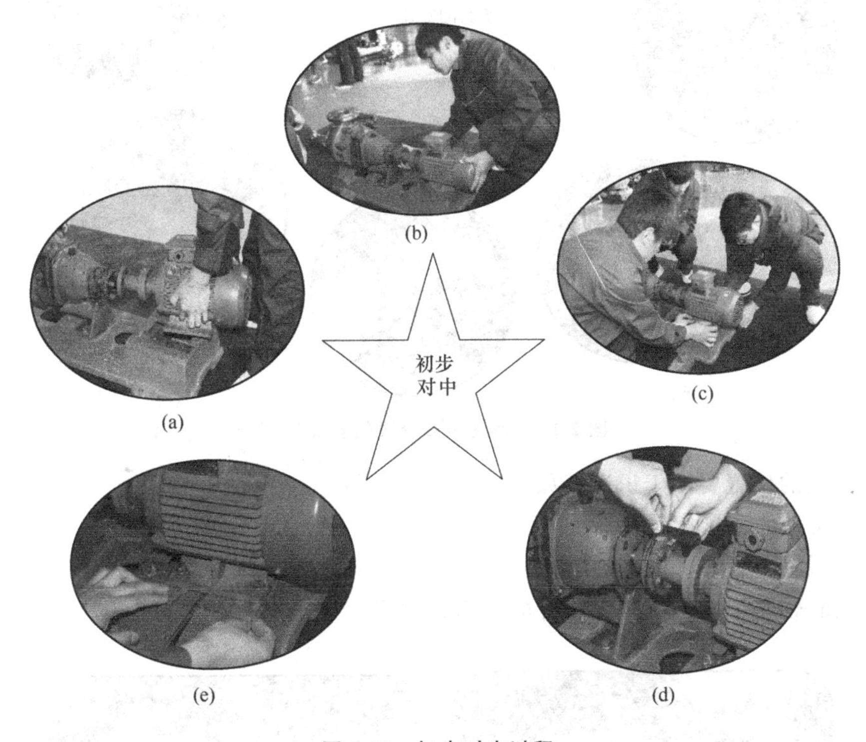

图 2-12　初步对中过程

3. 夹具和百分表的安装

夹具和百分表的安装过程，如图 2-13 所示。

① 准备好百分表和夹具，如图 2-13（1）所示。

② 夹具的组对形式，如图 2-13（2）所示。

③ 与联轴器相接触的面做成槽形，如图 2-13（3）所示。

④ 夹具径向安装，如图 2-13（4）所示。

⑤ 夹具轴向安装，如图 2-13（5）所示。

⑥ 安装读径向间隙的百分表，安装百分表。在安装时，让表先有一定的压缩量，使小表的表针到 5 为合适，然后将百分表指针调整为零。安装泵体联轴器上的夹具，要求一定要紧固，防止转动时有窜动，如图 2-13（6）所示。

⑦ 安装读轴向间隙的百分表，安装时，要与泵体联轴器保持一定的距离，如图 2-13（7）所示。

图 2-13　夹具和百分表的安装过程

⑧ 两块表的位置要便于识读，如图 2-13（8）所示。

4. 几何尺寸的测量

① 量取联轴器直径，如图 2-14（a）所示。

② 量取联轴器表面到百分表指针的距离，如图 2-14（b）所示。

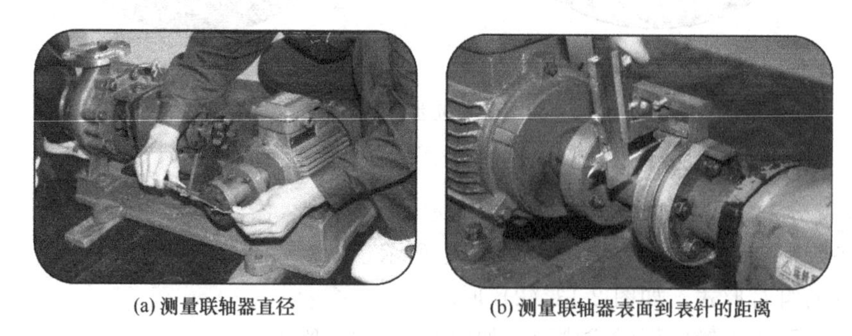

(a) 测量联轴器直径　　(b) 测量联轴器表面到表针的距离

图 2-14　计算直径的测量

③ 量取轴向百分表到电动机前支脚的距离，如图 2-15（a）所示。

④ 量取电动机前后支脚之间的距离，如图 2-15（b）所示。

⑤ 径向和轴向间隙的测量，如图 2-16 所示。

5. 联轴器找正计算

根据测得的间隙数值，按计算公式，现场绘图并计算，得出支脚下应加或减的垫片数值，如图 2-17 所示。

(a) 小 l 的测量　　(b) 大 L 的测量

图 2-15　几何尺寸测量

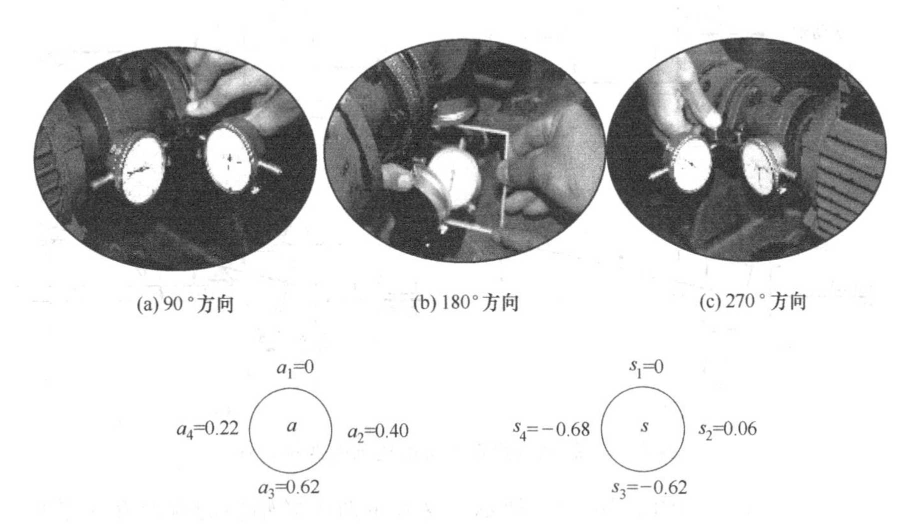

(a) 90°方向　　(b) 180°方向　　(c) 270°方向

(d) 间隙值的现场实际记录

图 2-16　间隙的测量

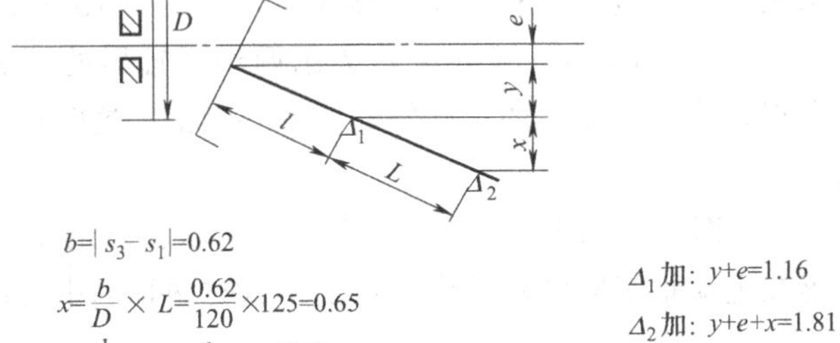

$b=|s_3-s_1|=0.62$

$x=\dfrac{b}{D}\times L=\dfrac{0.62}{120}\times 125=0.65$

$y=\dfrac{l}{L}\times x=\dfrac{b}{D}\times l=\dfrac{0.62}{120}\times 165=0.85$

$e=\left|\dfrac{a_3-a_1}{2}\right|=\left|\dfrac{0.62-0}{2}\right|=0.31$

Δ_1 加：$y+e=1.16$

Δ_2 加：$y+e+x=1.81$

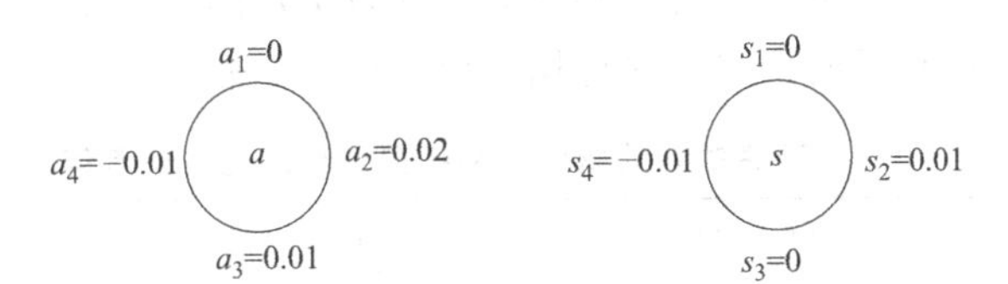

图 2-17　找正的计算

【知识链接】

知识点一 联轴器偏移情况的分析

在安装新机器时，由于联轴器与轴之间的垂直度不会有多大的问题，所以可以不必检查。但在安装旧机器时，联轴器与轴之间的垂直度一定要仔细检查，发现不垂直时要调整垂直后再找正。

找正联轴器时，垂直面内一般可能遇到如图 2-18 所示的四种情况。

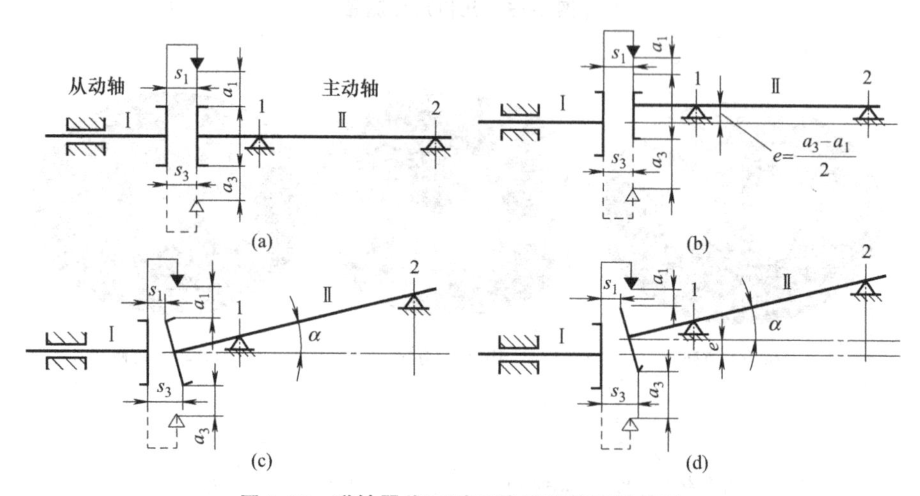

图 2-18 联轴器找正时可能遇到的四种情况

① $s_1=s_3$，$a_1=a_3$，如图 2-18（a）所示。这表示两半联轴器的端面互相平行，主动轴和从动轴的中心线又同在一条水平直线上。这时两半联轴器处于正确的位置。此处 s_1、s_3 和 a_1、a_3 表示在联轴器上方（0°）和下方（180°）两个位置上的轴向间隙和径向间隙。

② $s_1=s_3$，$a_1\neq a_3$，如图 2-18（b）所示。这表示两半联轴器的端面互相平行，两轴的中心线不同轴。这时两轴的中心线之间有径向位移（偏心距）$e=(a_3-a_1)/2$。

③ $s_1\neq s_3$，$a_1=a_3$，如图 2-18（c）所示。这表示两半联轴器的端面互相不平行，两轴的中心线相交，其交点正好落在主动轴的半联轴器的中心点上。这时两轴的中心线之间有倾斜的角位移（倾斜角）α。

④ $s_1\neq s_3$，$a_1\neq a_3$，如图 2-18（d）所示。这表示两半联轴器的端面互相不平行，两轴的中心线的交点又不落在主动轴半联轴器的中心点上。这时两轴的中心线之间既有径向位移又有角位移。

联轴器处于后三种情况时都不正确，均需要进行找正，直到获得第一种正确的情况为止。一般在安装机器时，首先把从动机安装好，使其轴处于水平，然后安装主动机。所以，找正时只需调整主动机，即在主动机的支脚下面用加减垫片的方法来进行调整。

各种联轴器的角位移和径向位移的允许偏差值如表 2-4 所示。

表 2-4 各种联轴器的角位移和径向位移的允许偏差值

联轴器名称	直径/mm	角位移/(mm/m)	径向位移/mm
齿形联轴器	150～300	0.5	0.3
	300～500	1.0	0.8

续表

联轴器名称	直径/mm	角位移/(mm/m)	径向位移/mm
十字沟槽联轴器	100～300 300～600	0.8 1.2	0.1 0.2
弹性塞销联轴器	100～300 300～500	0.2 0.2	0.05 0.1
弹性牙接联轴器	130～200 200～400 400～700	1.0 1.0 1.0	0.1 0.2 0.3

知识点二　联轴器找正时的测量方法

联轴器找正时主要测量其径向位移（或径向间隙）和角位移（或轴向间隙）。

① 利用直尺及塞尺测量联轴器的径向位移，利用平面规及楔形间隙规测量联轴器的角位移。这种测量方法简单但精度不高，一般只能应用于不需要精确找正的粗糙低速机器。

② 利用中心卡及千分表测量联轴器的径向间隙和轴向间隙。因为用了精度较高的百分表来测量径向间隙和轴向间隙，故此法的精度较高，它适用于需要精确找正中心的精密机器和高速机器。这种找正测量方法操作方便，精度高，应用极广。

利用中心卡及百分表来测量联轴器的径向间隙和轴向间隙时，常用一点法来进行测量。所谓一点法是指在测量一个位置上的径向间隙时，同时又测量同一个位置上的轴向间隙。测量时，先装好中心卡，并使两半联轴器向着相同的方向一起旋转，使中心卡首先位于上方垂直的位置（0°），用百分表测量出径向间隙 a_1 和轴向间隙 s_1，然后将两半联轴器依次转到90°、180°、270°三个位置上，分别测量出 a_2、s_2；a_3、s_3；a_4、s_4。将测得的数值记在记录图中。

当两半联轴器重新转到0°位置时，再一次测得径向间隙和轴向间隙的数值记为 a_1'、s_1'。此处数值应与 a_1、s_1 相等。若 $a_1' \neq a_1$、$s_1' \neq s_1$，则必须检查其产生原因（轴向窜动），并予以消除，然后再继续进行测量，直到所测得的数值正确为止。在偏移不大的情况下，最后所测得的数据应该符合下列条件

$$a_1 + a_3 = a_2 + a_4\text{；}\ s_1 + s_3 = s_2 + s_4$$

在测量过程中，如果由于基础的构造影响，使联轴器最低位置上的径向间隙 a_3 和轴向间隙 s_3 不能测到，则可根据其他三个已测得的间隙数值推算出来

$$a_3 = a_2 + a_4 - a_1\text{；}\ s_3 = s_2 + s_4 - s_1$$

最后，比较对称点上的两个径向间隙和轴向间隙的数值（如 a_1 和 a_3，s_1 和 s_3），若对称点的数值相差不超过规定的数值时，则认为符合要求，否则要进行调整。调整时通常采用在垂直方向加减主动机支脚下面的垫片或在水平方向移动主动机位置的方法来实现。

对于粗糙和小型的机器，在调整时，根据偏移情况采取逐渐近似的经验方法来进行调整（即逐次试加或试减垫片，以及左右敲打移动主动机）。对于精密的和大型的机器，在调整时，则应该通过计算来确定应加或应减垫片的厚度和左右的移动量。

知识点三　联轴器找正时的计算和调整

联轴器的径向间隙和轴向间隙测量完毕后，就可根据偏移情况来进行调整。在调整时，

一般先调整轴向间隙，使两半联轴器平行，然后调整径向间隙，使两半联轴器同轴。为了准确快速地进行调整，应先经过如下的近似计算，以确定在主动机支脚下应加上或应减去的垫片厚度。

现在以既有径向位移又有角位移的偏移情况为例，介绍联轴器找正时的计算及调整方法。如图 2-19 所示，Ⅰ为从动轴，Ⅱ为主动轴，根据找正测量的结果可知，这时的 $s_1>s_3$、$a_1>a_3$，即两半联轴器是处于既有径向位移又有角位移的一种偏移情况。

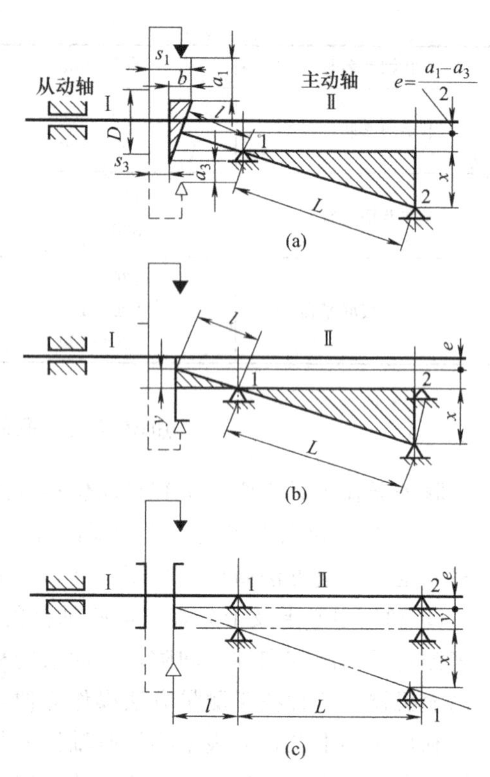

图 2-19 联轴器找正计算和调整方法

步骤一：先使两半联轴器平行。

由图 2-19（a）可知，为了使两半联轴器平行，必须在主动机的支脚 2 下加上厚度为 x（mm）的垫片才能达到。此处 x 的数值可以利用图上画有阴影线的两个相似三角形的比例关系算出

$$由\frac{x}{L}=\frac{b}{D}\quad 得\ x=\frac{b}{D}L$$

式中 b——在 0°与 180°两个位置上测得的轴向间隙的差值（$b=s_1-s_3$），mm；

D——联轴器的计算直径（应考虑到中心卡测量处大于联轴器直径的部分），mm；

L——主动机纵向两支脚间的距离，mm。

由于支脚 2 垫高了，而支脚 1 底下没有加垫，因此轴Ⅱ将会以支脚 1 为支点发生很小的转动，这时两半联轴器的端面虽然平行了，但是主动轴上的半联轴器的中心却下降了 y（mm），如图 2-19（b）所示。此处 y 的数值同样可以利用图上画有阴影线的两个相似三角形的比例关系算出

$$由\frac{y}{l}=\frac{x}{L}\quad 得\ y=\frac{x}{L}l=\frac{\frac{b}{D}L}{L}l=\frac{b}{D}l$$

式中 l——支脚 1 到半联轴器测量平面之间的距离，mm。

步骤二：再使两半联轴器同轴。

由于 $a_1>a_3$，即两半联轴器不同轴，其原有径向位移量（偏心距）为 $e=\frac{a_1-a_3}{2}$，再加上在第一步找正时又使联轴器中心的径向位移量增加了 y(mm)。所以，为了要使两半联轴器同轴，必须在主动机的支脚 1 和 2 下同时加上厚度为（$y+e$)mm 的垫片。

由此可见，为了要使主动轴上的半联轴器和从动轴上的半联轴器轴线完全同轴，则必须在主动机的支脚 1 底下加上厚度为（$y+e$)mm 的垫片，而在支脚 2 底下加上厚度为（$x+y+e$)mm 的垫片，如图 2-19（c）所示。

主动机一般有四个支脚，故在加垫片时，主动机两个前支脚下应加同样厚度的垫片，而两个后支脚下也要加同样厚度的垫片。

假如联轴器在 90°、270°两个位置上所测得的径向间隙和轴向间隙的数值也相差很大时，

则可以将主动机的位置在水平方向作适当的移动来调整。通常是采用锤击或千斤顶来调整主动机的水平位置。

全部径向间隙和轴向间隙调整好后，必须满足下列条件：$a_1=a_2=a_3=a_4$，$s_1=s_2=s_3=s_4$。这表明主动轴和从动轴的中心线位于一条直线上。

在调整联轴器之前先要调整好两联轴器端面之间的间隙，此间隙应大于轴的轴向窜动量（一般图上均有规定）。

《泵体与电动机联轴器间隙测量与调整量的确定》考核项目及评分标准

<table>
<tr><td>考核要求</td><td colspan="4">1. 能够正确地选择和使用各种类别、型号的工具。
2. 能够正确使用百分表。
3. 能够根据所测得的间隙数据绘制图形。
4. 能够正确地运用、掌握安全操作方法。
5. 团队合作能力。</td></tr>
<tr><td>考核内容</td><td>序号</td><td>考 核 内 容</td><td>分值</td><td>得分</td></tr>
<tr><td rowspan="2">考核准备</td><td>1</td><td>工作着装、环境卫生</td><td>5</td><td></td></tr>
<tr><td>2</td><td>工作安全，文明操作</td><td>5</td><td></td></tr>
<tr><td rowspan="6">操作步骤</td><td>3</td><td>正确使用常用工具和量具</td><td>10</td><td></td></tr>
<tr><td>4</td><td>百分表的读法</td><td>10</td><td></td></tr>
<tr><td>5</td><td>夹具和百分表的安装</td><td>10</td><td></td></tr>
<tr><td>6</td><td>数据的现场记录</td><td>10</td><td></td></tr>
<tr><td>7</td><td>联轴器偏移情况图形的绘制</td><td>10</td><td></td></tr>
<tr><td>8</td><td>计算的正确性</td><td>15</td><td></td></tr>
<tr><td rowspan="4">团队协作</td><td>9</td><td>团队合作能力</td><td>10</td><td></td></tr>
<tr><td>10</td><td>自主操作能力</td><td>5</td><td></td></tr>
<tr><td>11</td><td>是否为中心发言人</td><td>5</td><td></td></tr>
<tr><td>12</td><td>是否是主操作人</td><td>5</td><td></td></tr>
<tr><td>考核结果</td><td colspan="4"></td></tr>
<tr><td>组长签字</td><td colspan="4"></td></tr>
<tr><td>实训教师签字</td><td colspan="4"></td></tr>
<tr><td>任课教师签字</td><td colspan="4"></td></tr>
</table>

学习分情境二　垫片的摆放及电动机支脚的调整

【工作任务单】

学习情境二	离心泵的整体安装
学习子情境二	联轴器的对中
学习分情境二	垫片的摆放及联轴支脚的调整
小组	
工作时间	4学时
案例引入	
在生产车间，底座与泵体已经安装到位，安装电动机时，要进行联轴器找正时的间隙测量。	
任务要求	
本学习分情境对学生的要求： 1. 根据任务要求，准备找正调整所需要的工具； 2. 以小组为单位，团队协作，分别制订径向和轴向调整方案； 3. 水平方向时找正过程中，观察百分表的变化； 4. 水平方向调整时，注意手的力量。	
工作任务	
①工具和垫片的准备。 提示：数值的正负怎么样来判定，安装时表的指针位置如何确定？	
②垫片的剪法。 提示：夹具怎样夹在联轴器上，两个百分表的位置怎样确定合理？	
③在径向垫片加完后，重新调整百分表，如不满足平衡条件，继续调整。 提示：根据计算的数值，在支脚1、2下垫垫片，紧固地脚螺栓。	
④水平方向角位移调整时，只在90°和270°进行调整。 提示：百分表在90°的位置调整为0，根据270°位置的数值来调整前后支脚，注意手的力量。	
⑤水平方向径向位移调整时，只在90°和270°进行调整。 提示：当角位移调整好后，重新读径向间隙，根据测量得到的数值，在两支脚的中间进行调整，注意手的力量。	

【任务实施】

一、调整的过程

① 垫片的剪法。根据计算所得到的数值，选择不同厚度的垫片来剪，形状如图 2-20 所示，长度要超过地脚螺栓 10mm 以上。

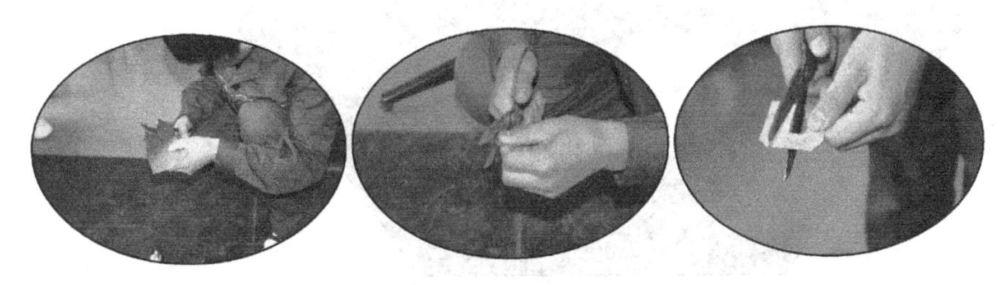

图 2-20　剪垫片

② 在支脚下垫垫片，如图 2-21 所示。

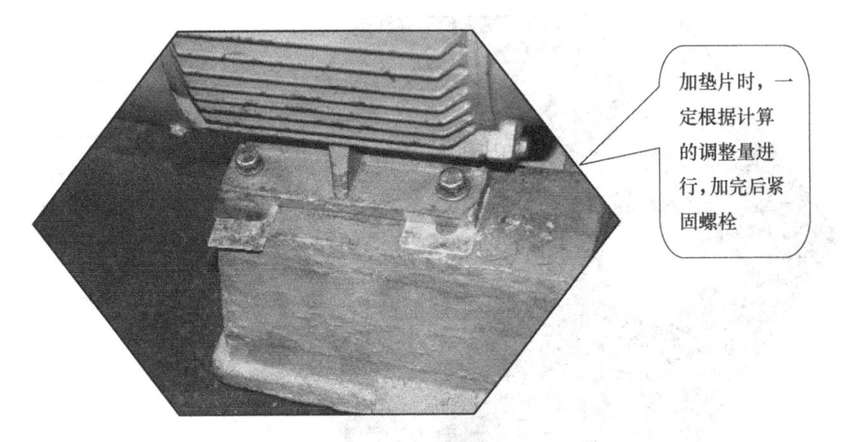

图 2-21　垫垫片

③ 调整百分表重新进行测量，如图 2-22 所示。

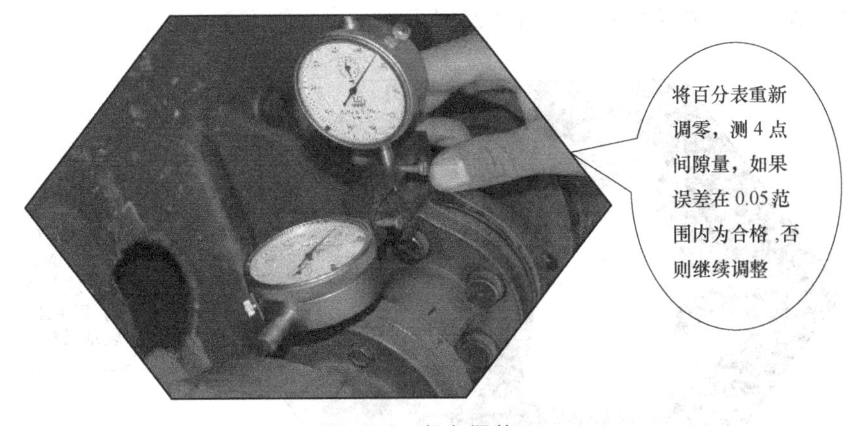

图 2-22　径向调整

④ 水平方向调整，如图 2-23 所示。

⑤ 将表旋转到 270°位置，读取两表的读数，如图 2-24 所示。

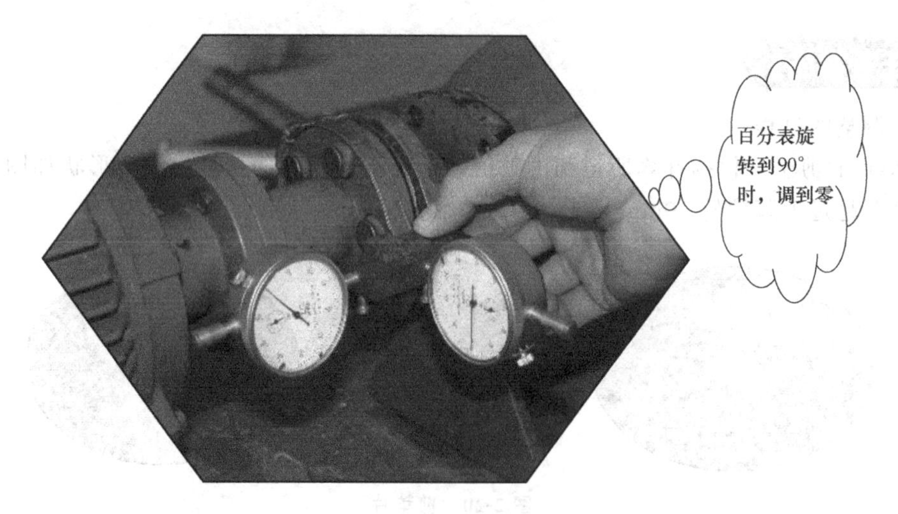

图 2-23　角位移调整 90°方向

图 2-24　角位移调整 270°方向

⑥ 根据数值先调整角位移，如图 2-25 所示。

图 2-25　水平角位移调整

⑦ 根据数值调整径向位移，如图 2-26 所示。

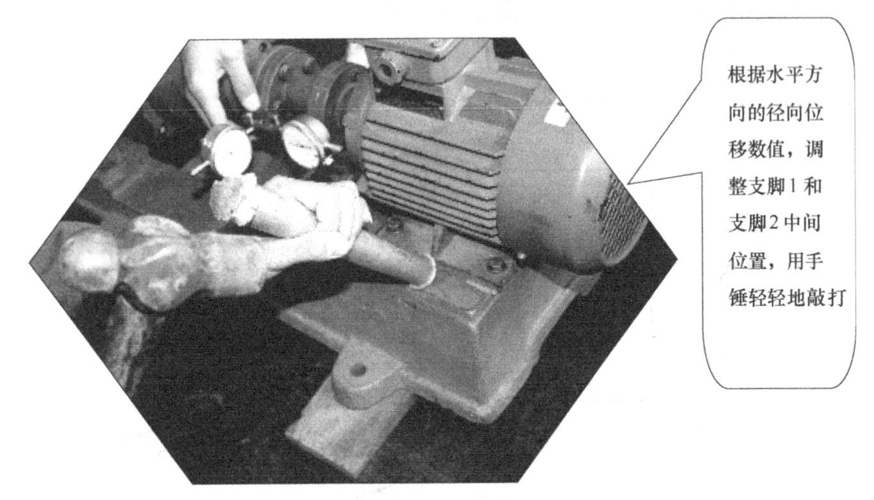

图 2-26　水平径向位移调整

二、实际案例

如图 2-27（a）所示，主动机纵向两支脚之间的距离 $L=130$mm，支脚 1 到联轴器测量平面之间的距离 $l=145$mm，联轴器的直径 $D_1=90$mm，径向方向百分表指针到联轴器表面距离为 15mm，找正时所测得的径向间隙和轴向间隙数值如图 2-27（b）所示。试求支脚 1 和 2 底下应加或应减的垫片厚度。

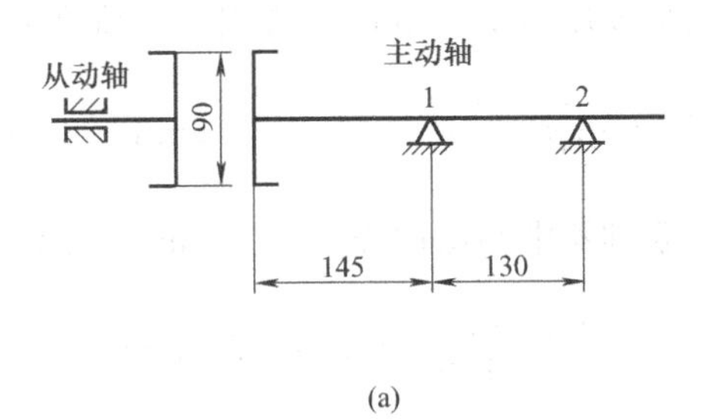

(a)

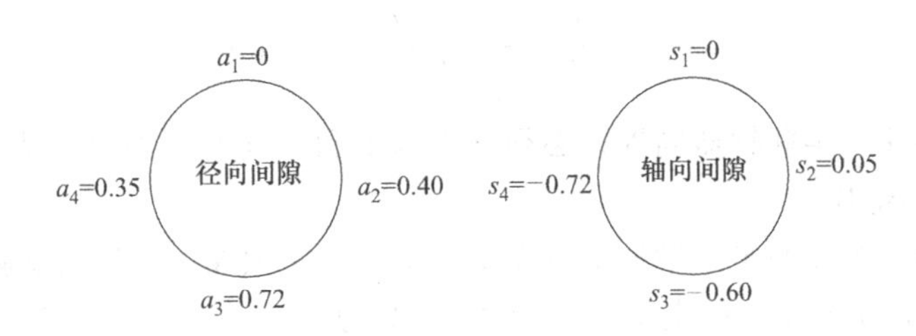

(b)

图 2-27　找正实例

1. 步骤一：偏移情况分析

联轴器在 0°与 180°两个位置上的轴向间隙 $s_1>s_3$，径向间隙 $a_1<a_3$，这表示两半联轴器

既有径向位移又有角位移，找正时联轴器的计算直径 $D=90+15\times2=120$mm，根据这些条件可作出联轴器偏移情况的示意图，如图 2-28 所示。

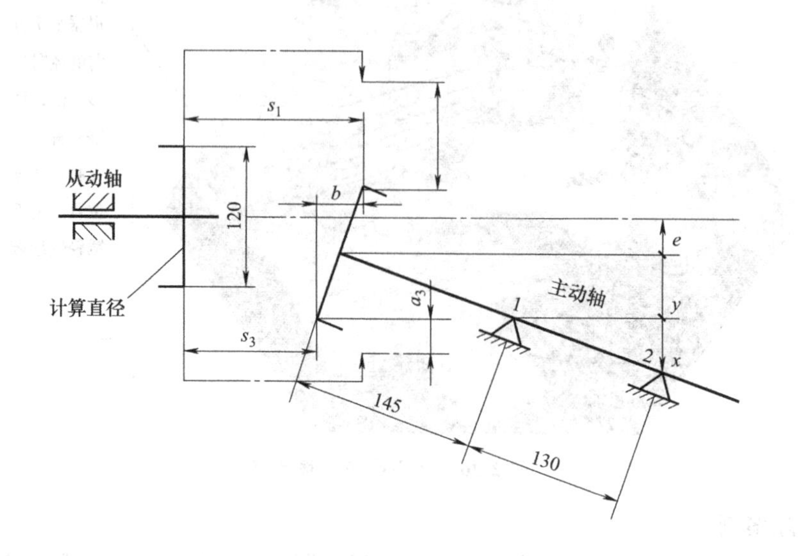

图 2-28 联轴器找正计算图

2. 步骤二：先使两半联轴器平行

由于 $s_1>s_3$，故 $b=|s_3-s_1|=|-0.60-0|=0.60$mm。所以，为了要使两半联轴器平行必须从主动机的支脚 2 下增加厚度为 x（mm）的垫片，x 值可由下式计算

$$x=\frac{b}{D}L=\frac{0.6}{120}\times130=0.65\text{mm}$$

但是，这时主动机轴上的联轴器中心却被降低了 y(mm)，y 值可由下式计算

$$y=\frac{b}{D}l=\frac{0.6}{120}\times145=0.725\text{mm}$$

3. 步骤三：再使两半联轴器同轴

由于 $a_1<a_3$，故原有的径向位移量（偏心距）为

$$e=\frac{a_3-a_1}{2}=\frac{0.72-0}{2}=0.36\text{mm}$$

所以，为了要使两半联轴器同轴，必须从支脚 1 和 2 同时增加厚度为$(y+e)=0.725+0.36=1.085$mm 的垫片。

由此可见，为了要使两半联轴器轴线完全同轴，则必须在主动机的支脚 1 下增加厚度为$(y+e)=1.085$mm 的垫片，在支脚 2 下增加厚度为$(x+y+e)=0.65+0.725+0.36=1.735$mm 的垫片。

4. 步骤四：水平方向调整

垂直方向调整完毕后，调整水平方向的偏差。调整水平方向时，要在水平方向上重新进行测量间隙数值，以同样方法计算出主动机在水平方向上的偏移量。然后，用手锤敲击的方法或者用千斤顶推的方法来进行调整。

《垫片的摆放及电动机支脚的调整》考核项目及评分标准

<table>
<tr><td>考核要求</td><td colspan="4">①能够正确地选择和使用各种类别、型号的工具。
②能够正确使用百分表。
③能够按正确步骤进行联轴器调整。
④能够正确地运用、掌握安全操作方法。
⑤团队合作能力。</td></tr>
<tr><td>考核内容</td><td>序号</td><td>考 核 内 容</td><td>分值</td><td>得分</td></tr>
<tr><td rowspan="2">考核准备</td><td>1</td><td>工作着装、环境卫生</td><td>5</td><td></td></tr>
<tr><td>2</td><td>工作安全，文明操作</td><td>5</td><td></td></tr>
<tr><td rowspan="6">操作步骤</td><td>3</td><td>正确使用常用工具和量具</td><td>10</td><td></td></tr>
<tr><td>4</td><td>垫片的剪法</td><td>10</td><td></td></tr>
<tr><td>5</td><td>调整时百分表的读法</td><td>10</td><td></td></tr>
<tr><td>6</td><td>调整的速度和成功率</td><td>10</td><td></td></tr>
<tr><td>7</td><td>水平方向调整方法和步骤</td><td>10</td><td></td></tr>
<tr><td>8</td><td>总体验收合格</td><td>15</td><td></td></tr>
<tr><td rowspan="4">团队协作</td><td>9</td><td>团队合作能力</td><td>10</td><td></td></tr>
<tr><td>10</td><td>自主操作能力</td><td>5</td><td></td></tr>
<tr><td>11</td><td>是否为中心发言人</td><td>5</td><td></td></tr>
<tr><td>12</td><td>是否是主操作人</td><td>5</td><td></td></tr>
<tr><td>考核结果</td><td colspan="4"></td></tr>
<tr><td>组长签字</td><td colspan="4"></td></tr>
<tr><td>实训教师签字</td><td colspan="4"></td></tr>
<tr><td>任课教师签字</td><td colspan="4"></td></tr>
</table>

学习情境三

悬臂式和双支承离心泵维护与检修

【情境导入】 某企业装置上一台正在工作的悬臂式和双支承离心泵发生泄漏，按照工程检修单要求，工程技术人员到现场分析事故原因，并对其进行修理，在规定时间内完成检修工作，不影响正常生产。

学习子情境一　单级悬臂式离心泵维护与检修

【学习任务单】

<table>
<tr><td>学习领域</td><td colspan="2">泵维护与检修</td></tr>
<tr><td>学习情境三</td><td>悬臂式和双支承离心泵维护与检修</td><td>学时</td></tr>
<tr><td>学习子情境一</td><td>单级悬臂式离心泵维护与检修</td><td>12</td></tr>
<tr><td>学习目标</td><td colspan="2">1. 知识目标
①掌握悬臂式和双支承离心泵结构和工作原理；
②掌握悬臂式和双支承离心泵维护与检修规程；
③掌握悬臂式和双支承离心泵的常见故障及处理方法。
2. 能力目标
①能熟练进行悬臂式和双支承离心泵拆装；
②能熟练处理悬臂式和双支承离心泵在工作过程中发生的故障。
3. 素质目标
①培养学生在泵安装过程中具有安全操作和文明安装意识；
②培养学生在泵的安装过程中团队协作意识和吃苦耐劳的精神。</td></tr>
<tr><td colspan="3">1. 任务描述
按照悬臂式和双支承离心泵维护与检修规程，对化工设备专用实训室内装置上的悬臂式和双支承离心泵进行维护检修，对检修好的泵进行性能调试，对泵发生的故障进行处理。
2. 任务实施
①学生分组，每小组4～5人；
②小组按工作任务单进行分析和资料学习；
③小组讨论确定工作方案；
④现场操作；
⑤检查总结。
3. 相关资源
①教材；②录像；③教学课件；④泵、底座。
4. 拓展任务
单吸二级离心泵的维护与检修。
5. 教学要求
①认真进行课前预习，充分利用教学资源；
②充分发挥团队合作精神，制订合理的安装方案；
③团队之间相互学习，相互借鉴，提高学习效率。</td></tr>
</table>

学习分情境一　单级悬臂式离心泵的拆卸

【工作任务单】

<table>
<tr><td>学习情境三</td><td>悬臂式和双支承离心泵维护与检修</td></tr>
<tr><td>学习子情境一</td><td>单级悬臂式离心泵维护与检修</td></tr>
<tr><td>学习分情境一</td><td>单级悬臂式离心泵的拆卸</td></tr>
<tr><td>小组</td><td></td></tr>
<tr><td>工作时间</td><td>4 学时</td></tr>
<tr><td colspan="2">案例引入</td></tr>
<tr><td colspan="2">装置一台单级悬臂式离心泵工作过程中，发现泵有严重的泄漏，必须停止工作，对其进行拆卸，找出泄漏的原因。</td></tr>
<tr><td colspan="2">任务要求</td></tr>
<tr><td colspan="2">本学习分情境对学生的要求：
①准备好拆卸所用的工具和量具；
②课前必须做好预习，确定拆卸方案；
③小组之间独立完成任务，注意文明操作。</td></tr>
<tr><td colspan="2">工作任务</td></tr>
<tr><td colspan="2">①工具的准备。
提示：工具和量具应齐全。</td></tr>
<tr><td colspan="2">②对装置上的工作离心泵进行检查，确定泄漏点。
提示：对正常运转的泵进行检查，确定故障。</td></tr>
<tr><td colspan="2">③确定拆卸离心泵的方案。
提示：以小组为单位，确定泵的拆卸方案。</td></tr>
<tr><td colspan="2">④密封组件的拆卸方法。
提示：根据不同位置表针的旋转方向，记录准确的数值。</td></tr>
<tr><td colspan="2">⑤轴和轴承的拆卸方法。
提示：量取联轴器的直径，量取测量点到电动机前支脚的距离，量取电动机前后两支脚的距离，量取径向测量点到联轴器表面的距离。</td></tr>
<tr><td colspan="2">⑥联轴器的拆卸方法。
提示：掌握专用工具的使用方法。</td></tr>
</table>

【任务实施】

一、查找泄漏点

如图 3-1 所示。

图 3-1 泵的泄漏

二、拆卸前的准备

如图 3-2 所示。

图 3-2 拆卸前的准备工作

三、拆卸过程

① 拆卸泵体，按图 3-3 所示的步骤进行现场拆卸。

(a) 关闭阀门 (b) 放空轴承箱内的油 (c) 放空泵内液体

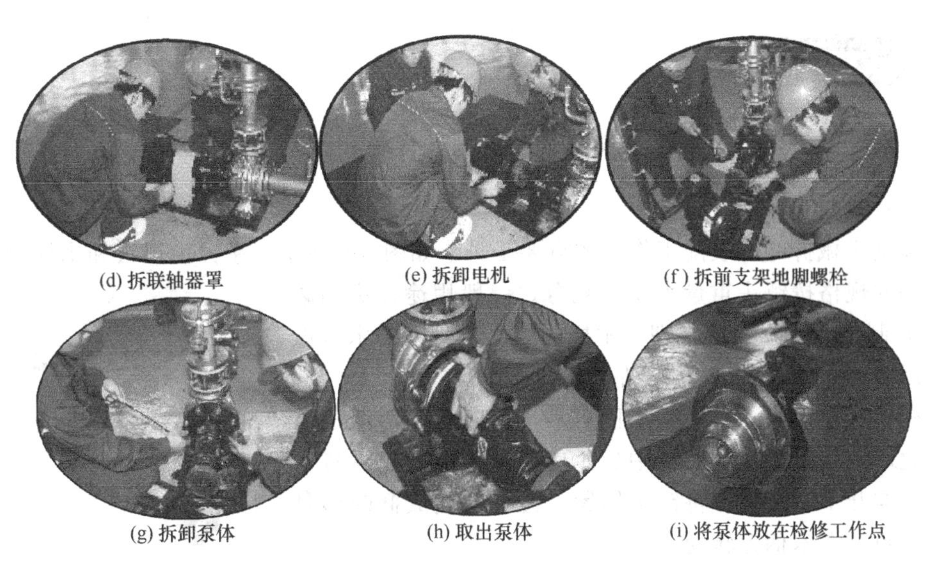

(d) 拆联轴器罩　(e) 拆卸电机　(f) 拆前支架地脚螺栓

(g) 拆卸泵体　(h) 取出泵体　(i) 将泵体放在检修工作点

图 3-3　泵体的拆卸

② 泵转子的拆卸，如图 3-4 所示。

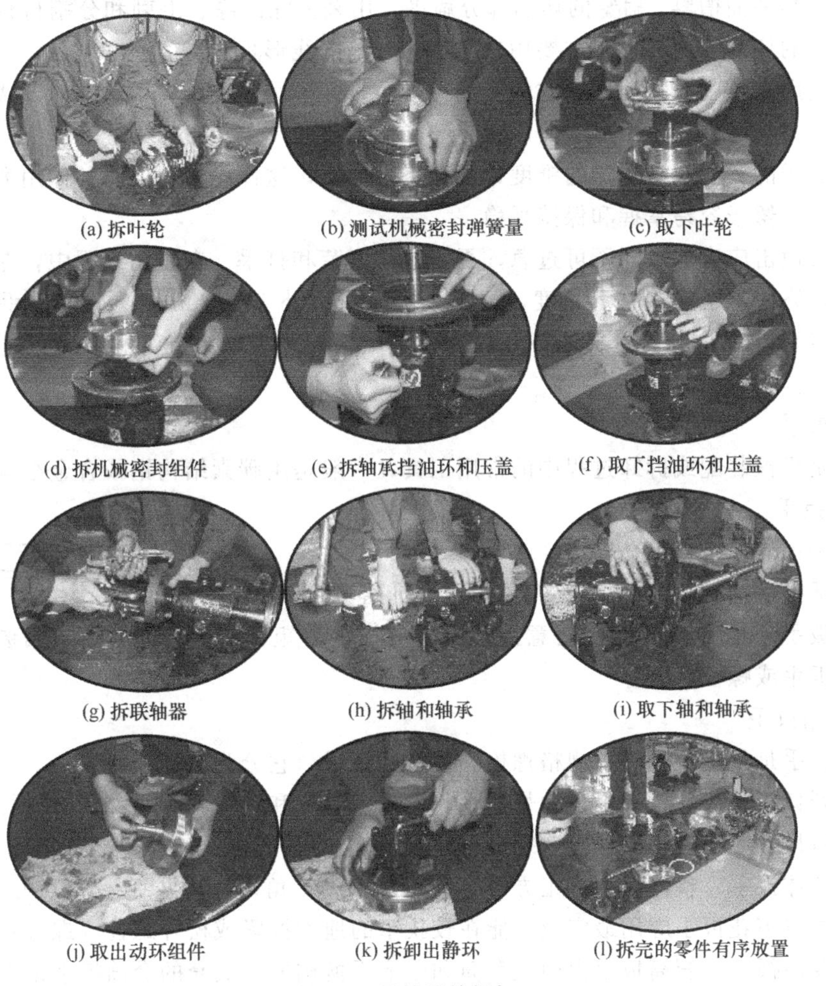

(a) 拆叶轮　(b) 测试机械密封弹簧量　(c) 取下叶轮

(d) 拆机械密封组件　(e) 拆轴承挡油环和压盖　(f) 取下挡油环和压盖

(g) 拆联轴器　(h) 拆轴和轴承　(i) 取下轴和轴承

(j) 取出动环组件　(k) 拆卸出静环　(l) 拆完的零件有序放置

图 3-4　泵转子的拆卸

【知识链接】

知识点　拆卸与装配工具

一、手锤

手锤是机械拆卸与装配工作中的重要工具，如图 3-5 所示，手锤由锤头和木柄两部分组成，手锤的规格按锤头重量大小来划分。一般用途锤头用碳钢（T7）制成，并经淬火处理。木柄选用比较坚固的木材做成，常用手锤的柄长为 350mm 左右。

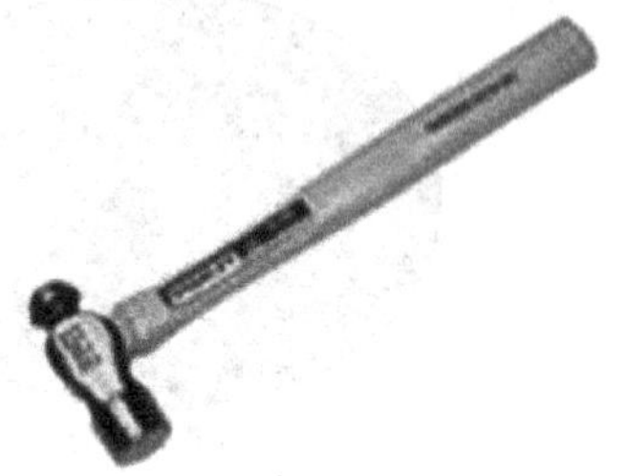

图 3-5　手锤

木柄安装在锤头孔中必须稳固可靠，要防止脱落造成事故。为此，木柄敲紧在锤头孔中后，应在木柄插入端再打入楔子，以撑开木柄端部，将锤头锁紧。锤头孔做成椭圆形是为了防止锤头在木柄上转动。

二、錾子

錾子是錾削工具，一般用碳素工具钢锻成。常用的錾子有扁錾、尖錾和油槽錾。扁錾的切削部分扁平，用来去除凸缘、毛刺和分割材料等，应用最广泛；尖錾的切削刃比较短，主要用来錾槽和分割曲线形板料。

油槽錾用来錾削润滑油槽，它的切削刃很短，并呈圆弧形，为了能在对开式的滑动轴承孔壁錾削油槽，切削部分做成弯曲形状。

各种錾子的头部都有一定的锥度；顶部略带球形，这样可使锤击时的作用力容易通过錾子的中心线，錾子容易掌握和保持平稳。

錾切时锤击应有节奏，不可过急，否则容易疲劳和打手。在錾切过程中，左手应将錾子握稳，并始终使錾子保持一定角度，錾子头部露出手外 15～20mm 为宜，右手握锤进行锤击，锤柄尾端露出手外 10～30mm 为宜。錾子要经常刃磨以保持锋利，防止过钝在錾削时打滑而伤手。

三、扳手

扳手是机械装配或拆卸过程中的常用工具，一般是用碳素结构钢或合金结构钢制成。

1. 活扳手

活扳手也称活络扳手，如图 3-6 所示。

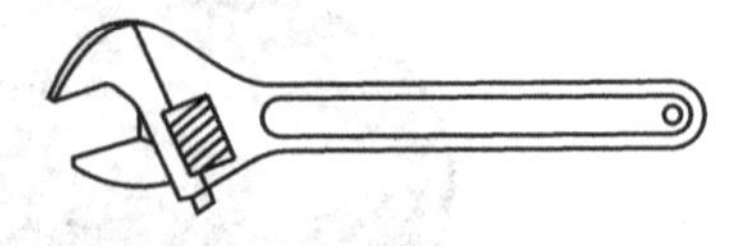

图 3-6　活扳手

使用活扳手应让固定钳口受主要作用力，否则容易损坏扳手。扳手手柄的长度不得任意接长，以免拧紧力矩太大而损坏扳手或螺栓。

2. 专用扳手

专用扳手是只能扳拧一种规格螺栓和螺母的扳手。它分为以下几种。

（1）开口扳手　开口扳手也称呆扳手，它分为单头和双头两种，如图 3-7 所示。选用时它们的开口尺寸应与拧动的螺栓或螺母尺寸相适应。

（2）整体扳手　整体扳手有正方形、六角形、十二角形（梅花扳手）等几种，如图 3-8 所示。其中以梅花扳手应用最广泛，能在较狭窄的地方拧紧或松开螺栓（螺母）。

（3）套筒扳手　套筒扳手由梅花套筒和弓形手柄构成。成套的套筒扳手是由一套尺寸不等的梅花套筒组成，如图 3-9 所示。套筒扳手使用时，弓形的手柄可以连续转动，工作效率

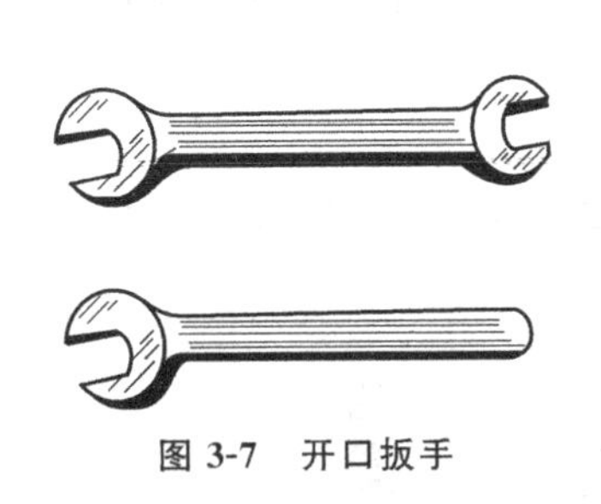

图 3-7　开口扳手

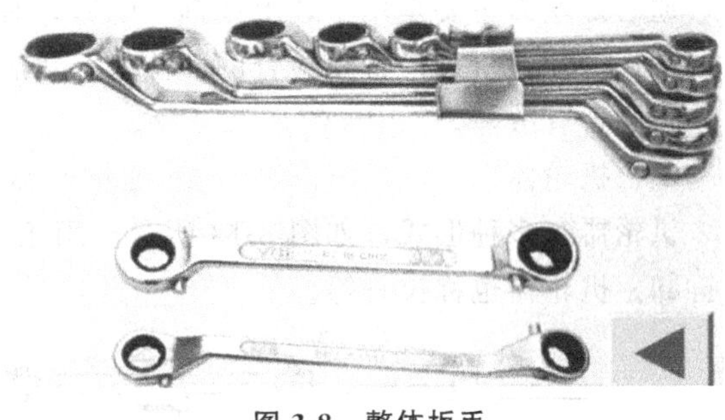

图 3-8　整体扳手

较高。

（4）锁紧扳手　用来装拆圆螺母，有多种形式，如图 3-10 所示，应根据圆螺母的结构选用。

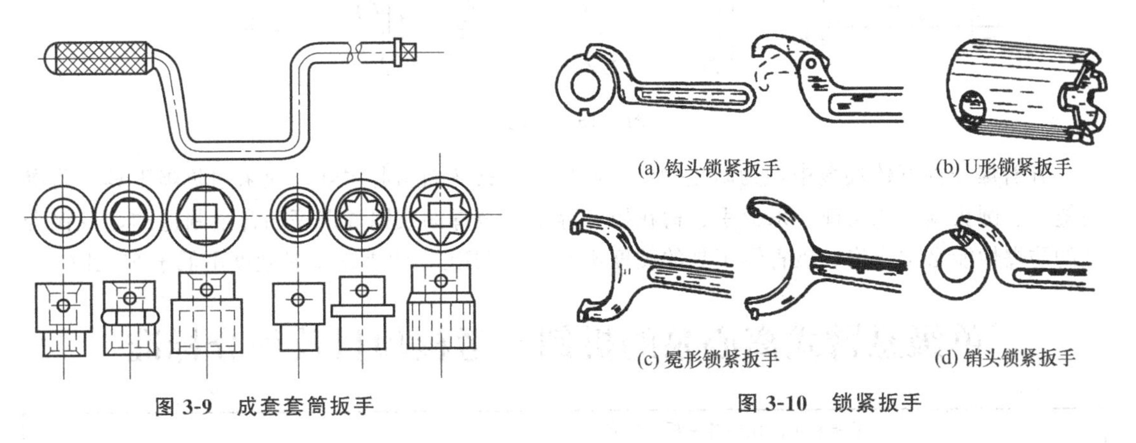

图 3-9　成套套筒扳手

(a) 钩头锁紧扳手　(b) U形锁紧扳手　(c) 冕形锁紧扳手　(d) 销头锁紧扳手

图 3-10　锁紧扳手

（5）内六角扳手　内六角扳手如图 3-11 所示，用于装拆内六角头螺钉。这种扳手也是成套的。

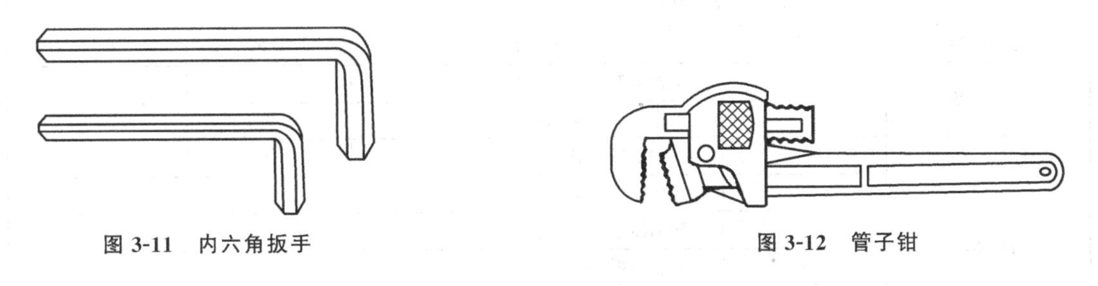

图 3-11　内六角扳手

图 3-12　管子钳

四、管子钳

管子钳如图 3-12 所示，是用来夹持或旋转管子及配件的工具；钳口上有齿，以便上紧调节螺母时咬牢管子，防止打滑。

五、撬杠

撬杠是用 45 钢或 50 钢制成的杠子，用于撬动物体，以便对其搬运或调整位置。使用时，撬杠的支承点应稳固，对有些物体的撬动，也应防止被撬杠损伤。

六、通心螺丝刀

通心螺丝刀是旋杆与旋柄装配时，旋杆非工作端一直装到旋柄尾部的一种螺丝刀。它的旋杆部分是用 45 钢或采用具有同等以上力学性能的钢材制成，并经淬火硬化。

通心螺丝刀主要是用于装上或拆下螺钉，有时也用它来检查机械设备是否有故障，即把它的工作端顶在机械设备要检查的部位上，然后在旋柄端进行测听；依据听到的情况判定机械设备是否有故障。

七、扒轮器

扒轮器有多种形式，如图 3-13 所示。用于滚动轴承、带轮、齿轮、联轴器等轴上零件的拆卸。扒轮器也称拉马等。

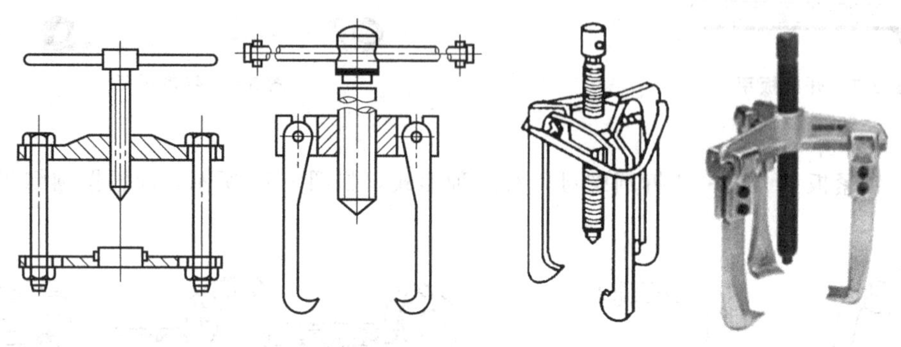

图 3-13 扒轮器

在有爆炸性气体环境中，为防止操作中产生机械火花而引起爆炸，应采用防爆工具。防爆用錾子、圆头锤、八角锤、呆扳手、梅花扳手等是用铍青铜或铝青铜等铜合金制造的，且铜合金的防爆性能必须合格。铍青铜工具的硬度不低于 35HRC，铝青铜工具硬度不低于 25HRC。

《单级悬臂式离心泵的拆卸》考核项目及评分标准

考核要求	①能够正确使用各种拆装工具。 ②在规定时间内确定拆卸方案。 ③按操作规程进行拆卸。 ④团队合作，文明操作。			
考核内容	序号	考 核 内 容	分值	得分
考核准备	1	工作着装、环境卫生	5	
	2	工作安全，文明操作	5	
操作步骤	3	拆卸前的准备工作	10	
	4	正确制订拆卸施工方案	10	
	5	联轴器罩及电动机的拆卸	10	
	6	泵体的拆卸	10	
	7	密封组件的拆卸	15	
	8	转子组件的拆卸	10	
团队协作	9	团队合作能力	10	
	10	自主操作能力	5	
	11	是否为中心发言人	5	
	12	是否是主操作人	5	
考核结果				
组长签字				
实训教师签字				
任课教师签字				

学习分情境二　单级悬臂式离心泵转子检查和清洗

【工作任务单】

学习情境三	悬臂式和双支承离心泵维护与检修
学习子情境一	单级悬臂式离心泵维护与检修
学习分情境二	单级悬臂式离心泵转子检查和清洗
小组	
工作时间	4学时
案例引入	
对拆卸完的离心泵进行转子的清洗和检查，对配合部分进行测量，确定产生泄漏的原因。	
任务要求	
本学习分情境对学生的要求： ①掌握离心泵的零部件的结构和形状； ②能利用量具测量各配合部位的数值； ③运用正确的方法对拆卸下来的零件进行清洗。	
工作任务	
①工具的准备。 提示：清洗前准备好工具和量具。	
②测量叶轮轮毂与密封环的间隙量，测量泵体和泵壳的安装尺寸。 提示：口环间隙是一个重要的参数，一定要测量准确，准确测量泵体和泵壳的安装尺寸。	
③检查轴的损坏情况，测量轴的弯曲量。 提示：检查轴的表面损坏情况、磨损情况，测量轴的弯曲量。	
④零件清洗。 提示：选择合适的清洗液和工具，对配合零件、转动零件、密封零件都要进行清洗。	
⑤检查轴承的完好情况。 提示：轴承的内外圈是否有破裂，流动体是否损坏，轴承是否转动自如等。	
⑥叶轮、泵轴、机械密封进行测绘。 提示：现场测绘，画出零件草图	

【任务实施】

一、清洗零件

清洗零件如图 3-14 所示。

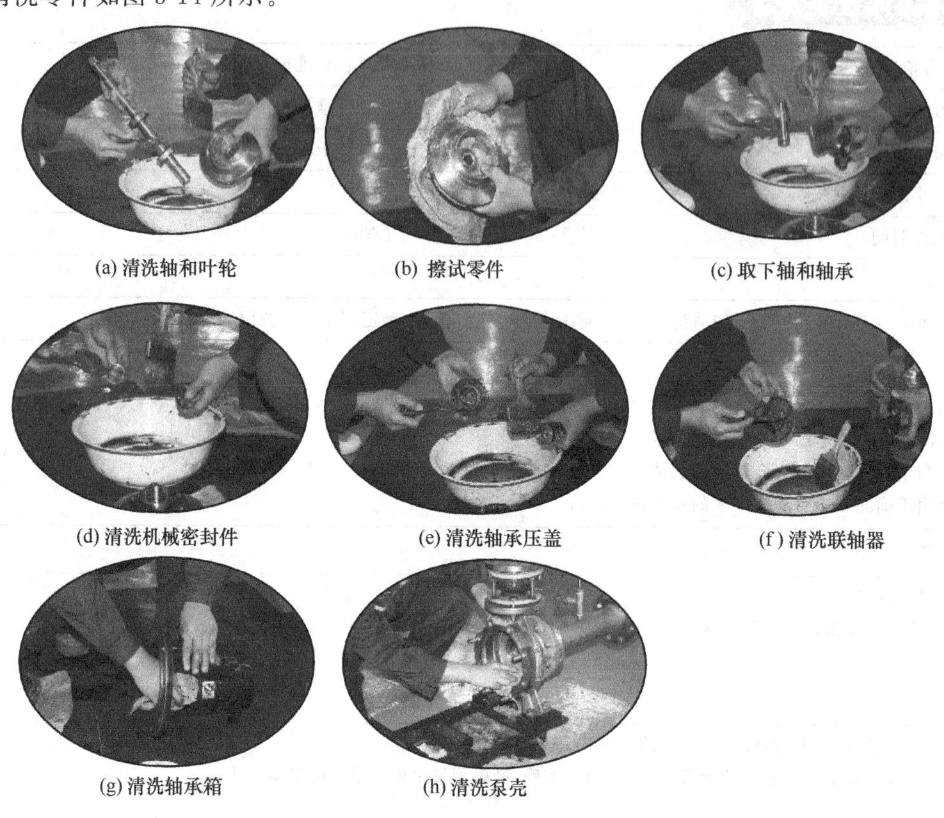

(a) 清洗轴和叶轮　(b) 擦试零件　(c) 取下轴和轴承

(d) 清洗机械密封件　(e) 清洗轴承压盖　(f) 清洗联轴器

(g) 清洗轴承箱　(h) 清洗泵壳

图 3-14　清洗转子零件

二、相关数据的测量

测量数据如图 3-15 所示。

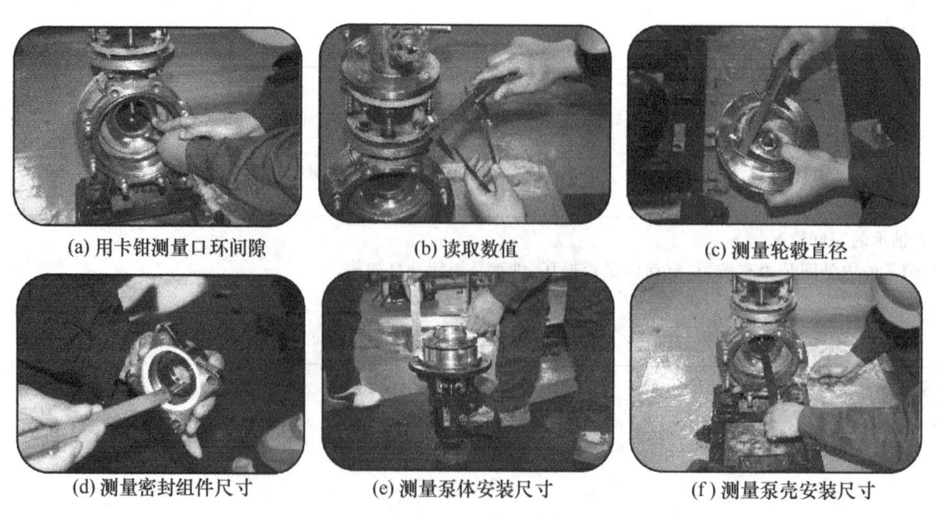

(a) 用卡钳测量口环间隙　(b) 读取数值　(c) 测量轮毂直径

(d) 测量密封组件尺寸　(e) 测量泵体安装尺寸　(f) 测量泵壳安装尺寸

图 3-15　数据测量

知识点一　单级离心泵零部件的清洗

对零部件进行清洗是拆卸工作后必须进行的一项工序，经过清洗的零部件，才能进行仔细检查与测量。清洗工作的质量，将直接影响检查与测量工作的精度。

一、清洗剂

清洗剂应具有去污力强、易挥发、不腐蚀、不溶解被清洗件等性质。常用的清洗剂如下。

1. 汽油

汽油的去污力强，挥发性也强，被清洗的零部件不需要擦干，即会很快地自行干燥，是一种很理想的清洗剂。

2. 煤油和柴油

煤油和柴油的去污力也很强，但挥发性不如汽油好，被清洗的零部件需要用棉纱或抹布擦干。煤油和柴油的成本很低，是修理工作中广泛应用的清洗剂。

3. 水溶性清洗剂

水溶性清洗剂成本较低，并且具有较强的去污性能，同时，也可以节约大量的能源。

二、清洗工具

1. 油盒

油盒是盛放清洗剂的容器。它是用0.5～1mm厚的镀锌铁皮制成，一般做成长方形或圆形。油盒的大小可以根据被清洗的零部件大小来选择。

2. 毛刷与棉纱

毛刷与棉纱是沾取清洗剂，对零部件进行清洗或擦拭的用具。毛刷的常用规格（按宽度计）有19mm、25mm、38mm、50mm、63mm、75mm、80mm和100mm等多种。

三、清洗时应注意的事项

① 对零部件进行清洗，应尽量干净，特别应注意对尖角或窄槽内部的清洗工作。

② 清洗滚动轴承时，一定要使用新的清洗剂，对滚动体以及内环和外环上跑道的清洗，应特别细心认真。

③ 清洗剂系易燃物品，清洗零部件的过程中应注意通风与防火，以免发生火灾。

④ 拆下来的零件应当按次序放好，并做好标记。

四、清洗方法

① 刮去叶轮内外表面、密封环等处积存的水垢，用清水洗净。

② 清理泵体各结合面积存的油垢及铁锈。

③ 用煤油或柴油清洗轴承、轴、轴套。

④ 用煤油清洗泵体润滑油腔，并用抹布擦拭干净。

五、清洗时其他注意事项

① 清洗精加工的表面时，应用干净的棉布、毛刷、绸布和软质刮具，不能使用砂纸、硬金属刮刀等。

② 清洗后的零件若不立即装配，应涂上保护油脂，并用清洁的纸或布包好，做到防尘、防锈。

③ 用易燃溶剂清洗时，需注意通风良好，并采取防火措施。

知识点二 检查与测量

一、转子的检查与测量

离心泵的转子包括叶轮、轴套、泵轴及平键等几个部分。

1. 叶轮腐蚀与磨损情况的检查

对于叶轮的检查，主要是检查叶轮被介质腐蚀以及运转过程中的磨损情况。另外，铸铁材质的叶轮，可能存在气孔或夹渣等缺陷。上述的缺陷和局部磨损是不均匀的，极容易破坏转子的平衡，使离心泵产生振动，导致离心泵的使用寿命缩短。

2. 叶轮径向跳动的测量

叶轮径向跳动量的大小标志着叶轮的旋转精度，如果叶轮的径向跳动量超过了规定范围，在旋转时就会产生振动，严重的还会影响离心泵的使用寿命。

3. 轴套磨损情况的检查

轴套的外圆与填料函中的填料之间的摩擦，使得轴套外圆上出现深浅不同的若干条圆环磨痕。这些磨痕将影响轴向密封的严密性，导致离心泵在运转时出口压力的降低。轴套磨损情况可用千分尺或游标卡尺测量其外径尺寸，将测得的尺寸与标准外径相比较来检查。一般情况下，轴套外圆周上圆环形磨痕的深度不得超过 0.5mm。

4. 泵轴的检查与测量

离心泵在运转中，如果出现振动、撞击或扭矩突然加大，将会使泵轴造成弯曲或断裂现象。应用千分尺对泵轴上的某些尺寸（如与叶轮、滚动轴承、联轴器配合处的轴颈尺寸）进行测量。

离心泵的泵轴还应进行直线度偏差的测量。泵轴直线度的测量方法如图 3-16 所示。首先，将泵轴放置在车床的两顶尖之间，在泵轴上的适当地方设置两块千分表，将轴颈的外圆周分成四等分，并分别作上标记，即 1、2、3、4 四个分点。用手缓慢盘转泵轴，将千分表在四个分点处的读数分别记录在表格中，然后计算出泵轴的直线度偏差。离心泵泵轴直线度偏差测量记录如表 3-1 所示。

表 3-1 泵轴直线度偏差测量记录 mm

测点	转动位置				弯曲量和弯曲方向
	1 (0°)	2 (90°)	3 (180°)	4 (270°)	
Ⅰ	0.36	0.27	0.20	0.28	0.08(0°);0.05(270°)
Ⅱ	0.30	0.23	0.18	0.25	0.06(0°);0.10(270°)

直线度偏差值的计算方法是：直径方向上两个相对测点千分表读数差的一半。如Ⅰ测点的 0°和 180°方向上的直线度偏差为 (0.36－0.20)/2＝0.08mm。90°和 270°方向上的直线度偏差为 (0.28－0.27)/2＝0.005mm。用这些数值在图上选取一定的比例，可用图解法近似地计算出泵轴上最大弯曲点的弯曲量和弯曲方向，如图 3-16 所示。

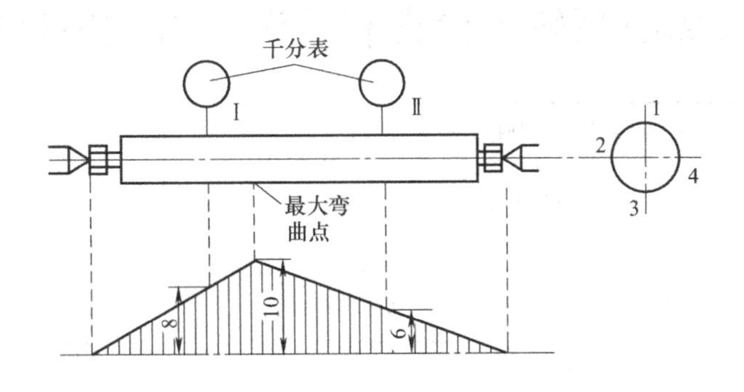

图 3-16　泵轴直线度的测量

5. 键连接的检查

泵轴的两端分别与叶轮和联轴器相配合，平键的两个侧面应该与泵轴上键槽的侧面实现少量的过盈配合，而与叶轮孔键槽以及联轴器孔键槽两侧为过渡配合。检查时，可使用游标卡尺或千分尺进行尺寸测量，如果平键的宽度与轴上键槽的宽度之间存在间隙，无论其间隙值大小，都应根据键槽的实际宽度，按照配合公差重新锉配平键。

二、滚动轴承的检查

1. 滚动轴承构件的检查

滚动轴承清洗后，应对各构件进行仔细的检查，如裂纹、缺损、变形以及转动是否轻快自如等。在检查中，如果发现有缺陷应更换新的滚动轴承。

2. 轴向间隙的检查

滚动轴承的轴向间隙是在制造的过程中形成的，这就是滚动轴承的原始间隙。但是经过一段时间的使用之后，这一间隙会有所增大，会破坏轴承的旋转精度。所以，对滚动轴承轴向进行检查时，可采取“手感法”检查，或用一只手握持滚动轴承的外环，并沿轴向做猛烈的摇动，如果听到较大的响声，同样可以判断该滚动轴承的轴向间隙大小。

3. 径向间隙的检查

滚动轴承径向间隙的检查与轴向间隙的检查方法相似。同时，滚动轴承径向间隙的大小，基本上可以从它的轴向间隙大小来判断。

三、泵体的检查与测量

1. 轴承孔的检查与测量

泵体的轴承孔与滚动轴承的外环形成过渡配合，它们之间的配合公差为 0～0.02mm。可采用游标卡尺或内径千分尺对轴承孔的内径进行测量，然后与原始尺寸相比较，以便确定磨损量的大小。除此之外，还要检查轴承孔内表面是否出现沟纹等缺陷。

2. 泵体损伤的检查

由于振动或碰撞等原因，可能造成泵体上产生裂纹。可采用手锤敲击的方法进行检查，即用手锤轻轻敲击泵体的各个部位，如果发出的响音比较清脆，则说明泵体上没有裂缝；如果发出的响声比较混浊，则说明泵体上可能存在裂缝，也可用煤油浸润法来检查泵体上的穿透裂纹。即将泵体灌满煤油，停留 30min 进行观察，如果泵体的外表有煤油浸出的痕迹，则说明泵体上有穿透的裂纹。

《单级悬臂式离心泵转子检查和清洗》考核项目及评分标准

<table>
<tr><td>考核要求</td><td colspan="4">①能够正确使用各种拆装工具。
②在规定时间内确定拆卸方案。
③按操作规程进行拆卸。
④团队合作，文明操作。</td></tr>
<tr><td>考核内容</td><td>序号</td><td>考 核 内 容</td><td>分值</td><td>得分</td></tr>
<tr><td rowspan="2">考核准备</td><td>1</td><td>工作着装、环境卫生</td><td>5</td><td></td></tr>
<tr><td>2</td><td>工作安全，文明操作</td><td>5</td><td></td></tr>
<tr><td rowspan="6">操作步骤</td><td>3</td><td>检查和清洗前的准备工作</td><td>10</td><td></td></tr>
<tr><td>4</td><td>正确使用清洗工具和清洗液，所有零件洗涤干净</td><td>10</td><td></td></tr>
<tr><td>5</td><td>正确测量口环和轮毂尺寸</td><td>10</td><td></td></tr>
<tr><td>6</td><td>正确测量泵体和泵壳的安装尺寸</td><td>10</td><td></td></tr>
<tr><td>7</td><td>轴承检查情况</td><td>10</td><td></td></tr>
<tr><td>8</td><td>绘制测量轴的图形，正确计算轴的弯曲量</td><td>15</td><td></td></tr>
<tr><td rowspan="4">团队协作</td><td>9</td><td>团队合作能力</td><td>10</td><td></td></tr>
<tr><td>10</td><td>自主操作能力</td><td>5</td><td></td></tr>
<tr><td>11</td><td>是否为中心发言人</td><td>5</td><td></td></tr>
<tr><td>12</td><td>是否是主操作人</td><td>5</td><td></td></tr>
<tr><td>考核结果</td><td colspan="4"></td></tr>
<tr><td>组长签字</td><td colspan="4"></td></tr>
<tr><td>实训教师签字</td><td colspan="4"></td></tr>
<tr><td>任课教师签字</td><td colspan="4"></td></tr>
</table>

学习分情境三　单级悬臂式离心泵的装配

【工作任务单】

学习情境三	悬臂式和双支承离心泵维护与检修
学习子情境一	单级悬臂式离心泵维护与检修
学习分情境三	单级悬臂式离心泵的装配
小组	
工作时间	4学时
案例引入	
经过清洗完的零件，经确定满足要求的前提下，对单级悬臂式离心泵进行回装。	
任务要求	
本学习分情境对学生的要求： ①掌握离心泵的装配顺序； ②装配过程中要文明操作； ③装配后，对设备进行盘车，能旋转自如； ④启动试车。	
工作任务	
①装配前的准备。 提示：工具和量具到位，相关技术资料齐全。	
②对配合的装配零件等进行注油。 提示：对轴承、联轴器等零件装配前加注机油。	
③确定回装方案。 提示：各小组讨论确定回装方案。	
④以小组为单位进行回装。 提示：按照确定的方案，首先进行泵体的安装，然后进行泵体与泵壳的组装，安装过程中注意转子零件的配合，密封处的垫片等，文明操作。	
⑤安装后进行全面检查，并进行试车。 提示：安装完毕后，用手盘车，看是否转动自如，排除故障并进行试车。	

【任务实施】

一、零件加润滑油

泵装配前对配合的零件注油，如图 3-17 所示。

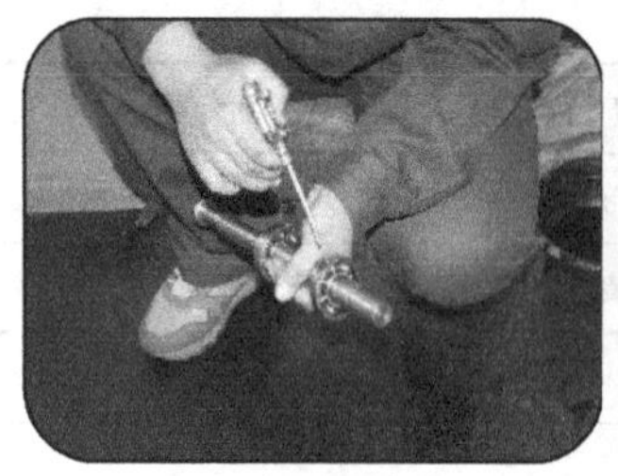

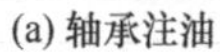

(a) 轴承注油

(b) 轴承箱座注油

(c) 联轴器注油

图 3-17 零件加润滑油

二、离心泵的装配

离心泵的装配过程如图 3-18 所示。

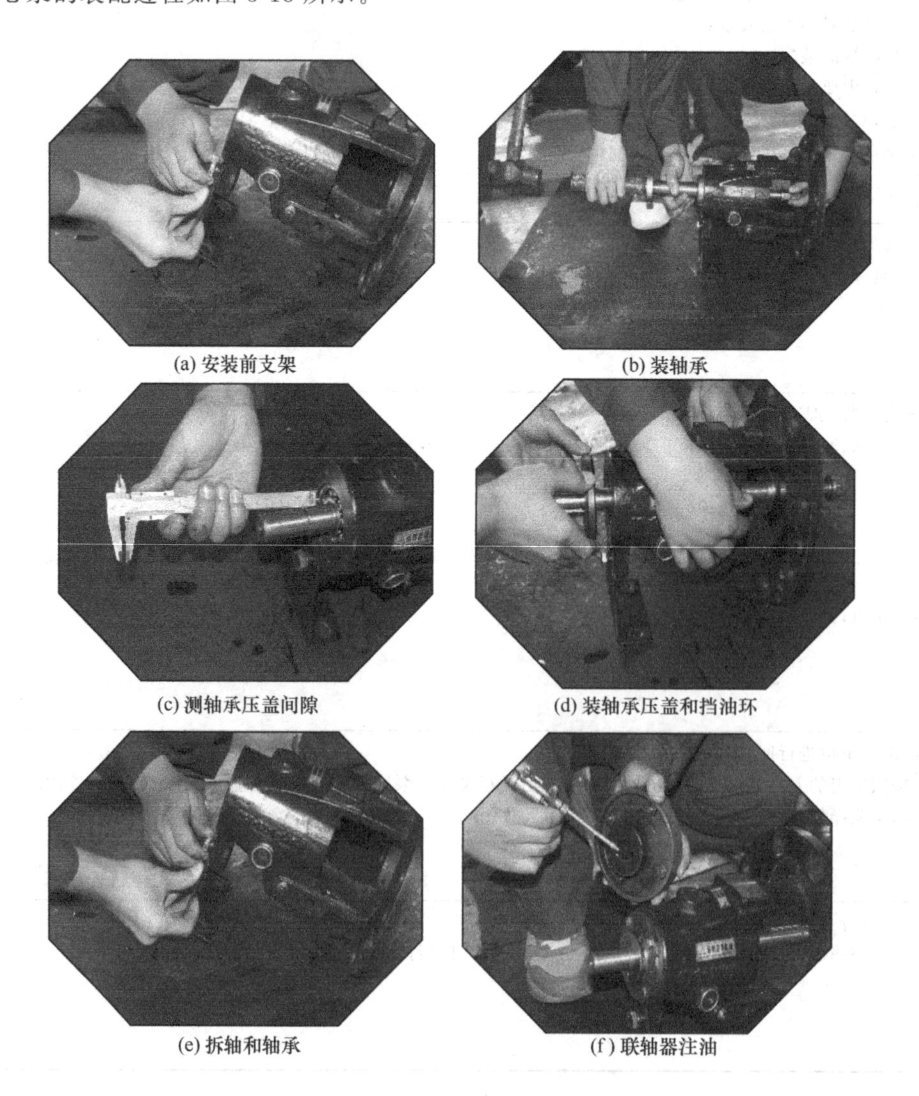

(a) 安装前支架 (b) 装轴承

(c) 测轴承压盖间隙 (d) 装轴承压盖和挡油环

(e) 拆轴和轴承 (f) 联轴器注油

(g) 装联轴器

(h) 装机械密封静环

(i) 将静密封装在轴上

(j) 安装动环

(k) 安装键

(l) 安装叶轮

(m) 测试密封压缩量

(n) 装垫片

图 3-18

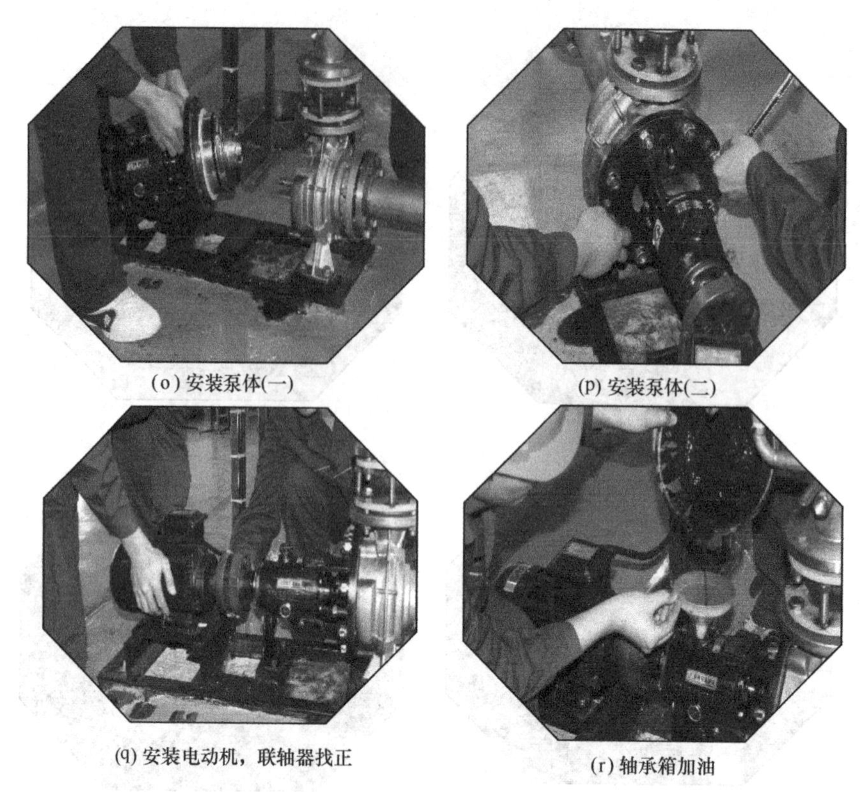
(o) 安装泵体(一)　(p) 安装泵体(二)　(q) 安装电动机，联轴器找正　(r) 轴承箱加油

图 3-18　离心泵的装配过程

【知识链接】

知识点　离心泵常见故障及其处理方法

一、离心泵的检修

检修周期见表 3-2。

表 3-2　检修周期

类别	小修		中修	
	清水泵	耐腐蚀泵	清水泵	耐腐蚀泵
检修周期/月	3～4	1～2	6～12	4～6

注：检修周期按连续运转的累计时间计算。

二、离心泵常见故障及其处理方法

离心泵常见故障及其处理方法见表 3-3。

表 3-3　离心泵常见故障及其处理方法

故障现象	故障原因	解决办法
泵不出水	①泵没有注满液体 ②吸水高度过大 ③吸水管有空气或漏气 ④被输送液体温度过高 ⑤吸入阀堵塞 ⑥转向错误	①停泵注水 ②降低吸水高度 ③排气或消除漏气 ④降低液体温度 ⑤排除杂物 ⑥改变转向

续表

故障现象	故障原因	解决办法
流量不足	①吸入阀或叶轮被堵塞 ②吸入高度过大 ③进入管弯头过多,阻力过大 ④泵体或吸入管漏气 ⑤填料处漏气 ⑥密封圈磨损过大 ⑦叶轮腐蚀、磨损	①检查水泵,清除杂物 ②降低吸入高度 ③拆除不必要弯头 ④紧固 ⑤紧固或更换填料 ⑥更换密封环 ⑦更换叶轮
输出压力不足	①介质中有气体 ②叶轮腐蚀或严重破坏	①排出气体 ②更换叶轮
消耗功率过大	①填料压盖太紧、填料函发热 ②联轴器皮圈过紧 ③转动部分轴窜过大 ④中心线偏移 ⑤零件卡住	①调节填料压盖的松紧度 ②更换胶皮圈 ③调整轴窜动量 ④找正轴心线 ⑤检查、处理
轴承过热	①中心线偏移 ②缺油或油不净 ③油环转动不灵活 ④轴承损坏	①校正轴心线 ②清洗轴承、加油或换油 ③检查处理 ④更换轴承
密封处漏损过大	①填料或密封元件材质选用不对 ②轴或轴套磨损 ③轴弯曲 ④中心线偏移 ⑤转子不平衡、振动过大 ⑥动、静环腐蚀变形 ⑦密封面被划伤 ⑧弹簧压力不足 ⑨冷却水不足或堵塞	①验证填料腐蚀性能,更换填料材质 ②检查、修理或更换 ③校正或更换 ④找正 ⑤测定转子、平衡 ⑥更换密封环 ⑦研磨密封面 ⑧调整或更换 ⑨清洗冷却水管路,加大冷却水量
泵体过热	①泵内无介质 ②出口阀未打开 ③泵容量大,实用量小	①检查处理 ②打开出口阀门 ③更换泵
振动或发出杂音	①中心线偏移 ②吸水部分有空气渗入 ③管路固定不对 ④轴承间隙过大 ⑤轴弯曲 ⑥叶轮内有异物 ⑦叶轮腐蚀、磨损后转子不平衡 ⑧液体温度过高 ⑨叶轮歪斜 ⑩叶轮与泵体摩擦 ⑪地脚螺栓松动	①找正中心线 ②堵塞漏气孔 ③检查调整 ④调整或更换轴承 ⑤校直 ⑥清除异物 ⑦更换叶轮 ⑧降低液体温度 ⑨找正 ⑩调整 ⑪紧固螺栓

《单级悬臂式离心泵的装配》考核项目及评分标准

<table>
<tr><td>考核要求</td><td colspan="4">①能够正确使用各种拆装工具。
②在规定时间内确定装配方案。
③团队合作，文明操作。</td></tr>
<tr><td>考核内容</td><td>序号</td><td>考 核 内 容</td><td>分值</td><td>得分</td></tr>
<tr><td rowspan="2">考核准备</td><td>1</td><td>工作着装、环境卫生</td><td>5</td><td></td></tr>
<tr><td>2</td><td>工作安全，文明操作</td><td>5</td><td></td></tr>
<tr><td rowspan="6">操作步骤</td><td>3</td><td>对零件进行注油</td><td>10</td><td></td></tr>
<tr><td>4</td><td>机械密封组件的安装</td><td>10</td><td></td></tr>
<tr><td>5</td><td>轴和轴承组件的安装</td><td>10</td><td></td></tr>
<tr><td>6</td><td>泵体与泵壳的安装</td><td>10</td><td></td></tr>
<tr><td>7</td><td>判断离心泵常出现的故障原因</td><td>10</td><td></td></tr>
<tr><td>8</td><td>安装后进行检查，启动试车，排除故障</td><td>15</td><td></td></tr>
<tr><td rowspan="4">团队协作</td><td>9</td><td>团队合作能力</td><td>10</td><td></td></tr>
<tr><td>10</td><td>自主操作能力</td><td>5</td><td></td></tr>
<tr><td>11</td><td>是否为中心发言人</td><td>5</td><td></td></tr>
<tr><td>12</td><td>是否是主操作人</td><td>5</td><td></td></tr>
<tr><td>考核结果</td><td colspan="4"></td></tr>
<tr><td>组长签字</td><td colspan="4"></td></tr>
<tr><td>实训教师签字</td><td colspan="4"></td></tr>
<tr><td>任课教师签字</td><td colspan="4"></td></tr>
</table>

学习子情境二　双支承双吸离心泵维护与检修

【情境导入】 单级双吸离心泵按泵轴安装位置的不同分为卧式和立式两种。这种泵实际上相当于两个单级叶轮背靠背地装在同一根轴上并联工作，所以流量比较大。由于叶轮采用双吸式叶轮，叶轮两侧轴向力相互抵消，所以不必专门设置轴向力平衡装置。现在以水平剖分式单级双吸离心泵为载体说明双支承双吸离心泵维护与检修。

【学习任务单】

<table>
<tr><td>学习领域</td><td colspan="2">泵维护与检修</td></tr>
<tr><td>学习子情境三</td><td>悬臂式和双支承离心泵维护与检修</td><td>学时</td></tr>
<tr><td>学习分情境二</td><td>双支承双吸离心泵维护与检修</td><td>8</td></tr>
<tr><td>学习目标</td><td colspan="2">1. 知识目标
①掌握双支承离心泵维护与检修规程；
②掌握双支承离心泵常见故障及处理办法；
③掌握填料密封的相关知识。
2. 能力目标
①能熟练进行双支承双吸离心泵维护与检修操作；
②对于因填料密封泄漏的情况能及时处理。
3. 素质目标
①培养学生具有安全操作和文明安装意识；
②培养学生在泵的安装过程中团队协作意识和吃苦耐劳的精神。</td></tr>
<tr><td colspan="3">1. 任务描述
按操作规程，对检修室内一台双支承双吸离心泵进行拆装，回装时特别注意两端填料的更换方法，掌握填料密封的基本知识。
2. 任务实施
①学生分组，每小组 8～10 人；
②小组按工作任务单进行分析和资料学习；
③小组讨论确定工作方案；
④现场操作；
⑤检查总结。
3. 相关资源
①教材；②教学资源；③教学课件；④双吸泵
4. 拓展任务
国外双吸泵的结构和应用。
5. 教学要求
①认真进行课前预习，充分利用教学资源；
②充分发挥团队合作精神，制订合理的安装方案；
③团队之间相互学习，相互借鉴，提高学习效率。</td></tr>
</table>

学习分情境一　双支承双吸离心泵的拆卸与装配

【工作任务单】

学习情境三	悬臂式和双支承离心泵维护与检修
学习子情境二	双支承双吸离心泵维护与检修
学习分情境一	双支承双吸离心泵的拆卸与装配
小组	
工作时间	4学时
案例引入	
组织学生对检修室内一台双支承双吸离心泵进行拆装。	
任务要求	
本学习分情境对学生的要求： ①准备好拆装所用的工具和量具； ②课前必须做好预习，确定拆装方案； ③小组之间独立完成任务，注意文明操作。	
工作任务	
①拆装前准备工作。 提示：准备好拆装所用工具和量具，将图纸等相关技术资料准备齐全。	
②确定拆装双吸离心泵的方案。 提示：以小组为单位，确定泵的拆卸方案。	
③双吸离心泵的拆卸过程。 提示：团队合作，共同进行双吸泵的拆卸。	
④双吸离心泵装配过程。 提示：团队合作，共同进行双吸泵的装配。	
⑤分析双吸水平剖开式离心泵运转时可能发生的故障和原因。 提示：根据双吸水平剖开式离心泵的工作过程中可能发生故障，分析其原因，可通过教材和教学资源库获得相关知识。	
⑥提出双吸水平剖开式离心泵发生故障后的处理方法。 提示：通过检修手册等教学资源，确定解决问题的办法。	

【任务实施】

一、认识国内外双吸泵

国内外双吸泵典型结构及应用见图 3-19 和图 3-20。

(a) 双吸泵的应用

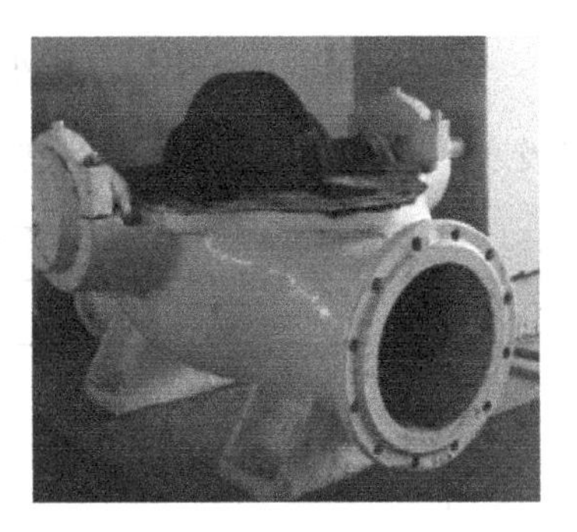

(b) 国产单级叶轮双吸泵体

图 3-19　国产双吸泵

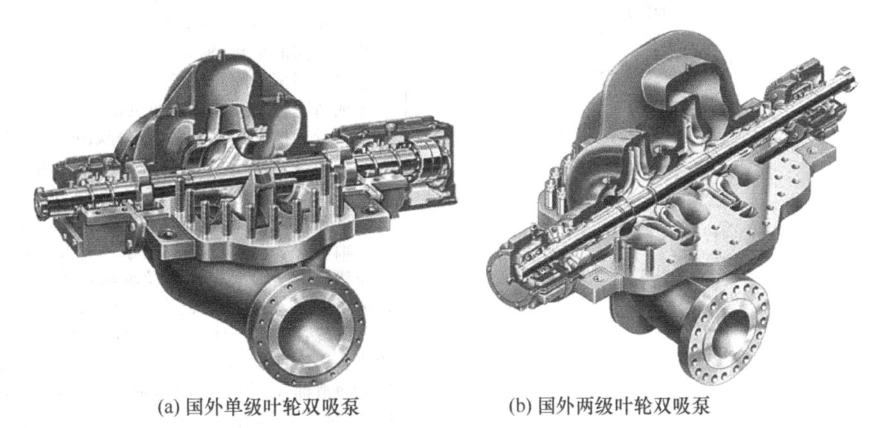

(a) 国外单级叶轮双吸泵　(b) 国外两级叶轮双吸泵

图 3-20　进口双吸泵

二、拆卸过程

拆卸过程如下。

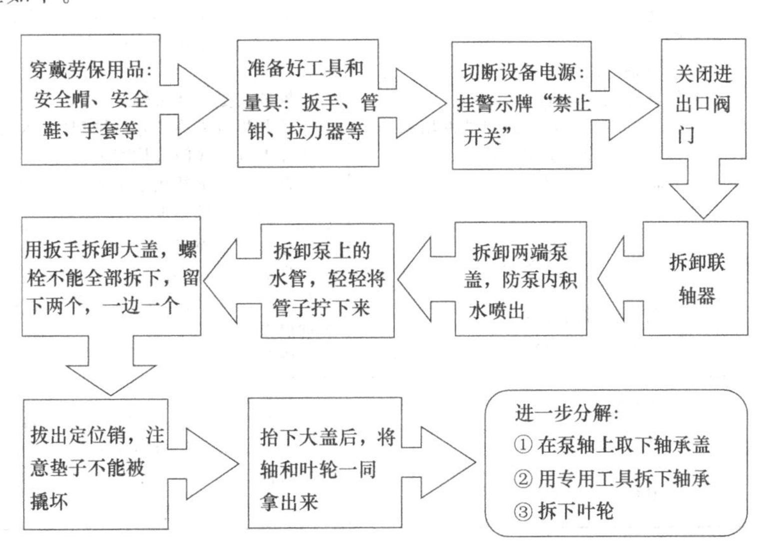

三、装配过程

装配是拆卸的逆过程，注意在回装时各配合面应按要求进行，还应抹上润滑油。

知识点　单级双吸水平剖开式离心泵故障及处理

单级双吸水平剖开式离心泵故障及其处理方法见表3-4。

表3-4　单级双吸水平剖开式离心泵故障及其处理方法

故障现象	故障原因	解决办法
轴承温度过高	①黄油质量差 ②轴承箱进水 ③轴承箱黄油太少 ④轴承箱黄油太满 ⑤轴向推力过大 ⑥轴承压盖间隙不达标 ⑦轴承损坏 ⑧泵轴弯曲 ⑨冷却效果差 ⑩转子不平衡 ⑪电机与泵轴对中不良 ⑫轴承装配达不到要求 ⑬流量太小	①更换黄油 ②清洗轴承箱重新加注黄油 ③加注黄油 ④清除少量黄油，达到规定要求 ⑤调整达到要求，可以通过内外圈的轴向移动来调整轴向和径向间隙，一般通过调整轴承压盖与机体轴孔的侧端面之间垫片的厚度来实现 ⑥重新测量，根据测量结果进行加减压盖端面和轴承座端面之间的垫片，轴向间隙在0.02～0.06mm之间 ⑦更换同型号的新轴承 ⑧视情况校正泵轴或更换泵轴 ⑨查看试情况针对处理。水管堵塞或不畅通：通水管清除水垢等。冷却水温高：开大冷却水阀门或增大流量 ⑩按要求对转子进行平衡 ⑪重新对中找正，按要求找到轴5径10丝 ⑫轴承安装时应严格按要求进行装配：a. 装配前应首先清洗干净轴承与泵轴及轴承箱等；b. 配合尺寸进行测量处理，轴承与轴配合为H7/k6，轴承外圈与轴承箱内壁配合为js7/H6；c. 滚动轴承装配一般分冷装法和热装法两种；d. 轴承往泵轴上装配时，应先在配合面涂上润滑油；e. 轴承内圈与轴装配，轴承内圈应装到轴肩；f. 轴承外圈与轴承箱装配，应把轴承装配到合适位置 ⑬调整流量
泵体振动大	①轴对中不良 ②地脚螺栓松动 ③泵抽空 ④泵轴弯曲 ⑤泵有汽蚀现象 ⑥进口来料不足或进口滤网堵塞 ⑦转动部分平衡被破坏 ⑧轴承磨损严重	①重新找正，达到技术要求 ②紧固地脚螺栓，必要时重新灌浆或预制基础 ③采取下列措施：a. 开大进口阀门；b. 清洗进口滤网；c. 重新灌泵；d. 放空；e. 检查进口管线是否有漏气现象 ④校轴或更换新泵轴 ⑤采取相应措施消除汽蚀现象，达到平稳运行 ⑥开大进口阀门或检查清洗过滤网及进水管 ⑦查找原因重新找平衡或更换配件 ⑧更换同型号轴承
泵体温度过高	①泵出口阀门开度太小 ②入口温度高 ③泵内长时间抽空 ④转动件与泵摩擦	①开大出口阀门 ②降低水温，可适当调大冷却风机 ③停泵，关闭出口阀，开大进口阀或清理进口滤网，放空重启泵 ④修复
填料泄露	①填料压盖太松 ②填料损坏 ③填料安装时没有相互错开 ④填料尺寸太短	①对角紧固 ②清除所有旧填料，重新压新填料 ③相邻两填料切口至少错开90°，每条填料预紧力要均匀适度 ④用标准尺寸填料

续表

故障现象	故障原因	解决办法
轴承噪声大	①轴承损坏 ②油太脏 ③黄油不足 ④泵轴弯曲 ⑤轴承装配不当 ⑥泵与电机对中不良	①更换同规格同型号的轴承 ②更换新黄油 ③加注到标准数量 ④校正或视情况更换泵轴 ⑤按标准重新装配 ⑥对中找正，达到轴5径10丝
泵体异响	①泵内抽空 ②泵内发生汽蚀现象 ③泵内有异物 ④叶轮口环偏磨 ⑤泵体内部件松动 ⑥轴中心线偏斜	①检查消除原因 ②想办法消除 ③清除异物 ④调正或修理 ⑤重新紧固 ⑥调正
泵盖漏水	①泵盖垫片损坏 ②泵盖接触面未清理干净 ③泵盖有缺陷	①更换新垫片 ②彻底清除 ③修复或更换泵盖
填料函温度高	①填料压盖压得过紧 ②输送介质太脏	①适当松压盖螺母 ②改善水质，进口加过滤网
流量扬程降低	①泵内或吸入管内有气体 ②泵内或吸入管内有杂物堵塞 ③过滤网堵塞 ④电机反转 ⑤叶轮间隙太大 ⑥叶轮损坏	①排尽气体 ②清除杂物 ③清滤网 ④通知电工改线 ⑤更换叶轮口环或泵体口环 ⑥更换叶轮

《双支承双吸离心泵的拆卸与装配》考核项目及评分标准

考核要求	①能够正确地选择和使用各种类别、型号的工具。 ②能够通过课前预习，确定拆装方案。 ③能够掌握双吸泵的常见故障及处理方法。 ④团队合作，文明操作。			
考核内容	序号	考核内容	分值	得分
考核准备	1	工作着装、环境卫生	5	
	2	工作安全，文明操作	5	
操作步骤	3	正确使用常用工具和量具	10	
	4	双吸泵的结构形式及应用	10	
	5	确定双吸泵的拆卸方案	10	
	6	正确进行拆卸操作	10	
	7	确定双吸泵回装的方案	10	
	8	正确进行双吸泵回装操作，安装完成后进行检查	15	
团队协作	9	团队合作能力	10	
	10	自主操作能力	5	
	11	是否为中心发言人	5	
	12	是否是主操作人	5	
考核结果				
组长签字				
实训教师签字				
任课教师签字				

学习分情境二　填料密封的更换

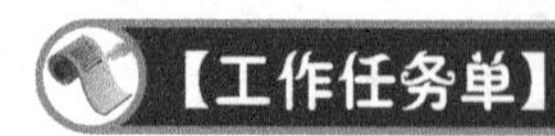

学习情境三	悬臂式和双支承离心泵维护与检修
学习子情境二	双支承双吸离心泵维护与检修
学习分情境二	填料密封的更换
小组	
工作时间	4学时
案例引入	
机泵实训室内有一台双吸式离心泵，泵的两端密封为填料密封，通过拆装填料的过程，让学生对填料密封有一个全面的认识，具有独立更换填料密封的能力。	
任务要求	
本学习分情境对学生的要求： ①准备好拆卸所用的工具和量具； ②课前必须做好预习，对填料密封有一基本了解； ③小组之间独立完成任务，注意文明操作。	
工作任务	
①准备好拆除填料专用工具和量具。 提示：认识专用工具和量具，会现场使用。	
②认识各种填料。 提示：可以到库房进行参观，对不同材质的填料有一个明确的认识。	
③说出填料具有哪些特性。 提示：根据现场的填料，说明填料的特性及应用。	
④详细说明填料的安装过程。 提示：通过对教材的预习，获取相关填料密封安装的有关知识。	
⑤确定实训室内双吸式离心泵填料密封拆装方案。 提示：以小组为单位，制订方案。	

【任务实施】

一、认识填料

1. 填料的特性

① 有一定的塑性，在压紧力作用下能产生一定的径向力并紧密与轴接触。

② 有足够的化学稳定性，不污染介质，填料不被介质泡胀，填料中的浸渍剂不被介质溶解，填料本身不腐蚀密封面。

③ 自润滑性能良好，耐磨，摩擦因数小。

④ 轴存在少量偏心时，填料应有足够的浮动弹性。

⑤ 制造简单，填装方便。

2. 填料的分类

填料的种类很多，常用的有绞合填料、编结填料、塑性填料、金属填料四类。主要材质有石墨编织填料、油浸石棉填料、聚四氟乙烯纤维填料、聚四氟乙烯浸渍石棉填料等，如图3-21所示。

图 3-21　各种填料

二、认识填料密封安装专用工具

填料密封安装专用工具如图3-22所示。

三、正确的填料密封安装方法

1. 安装注意事项

填料的组合与安装是否正确对密封的效果和使用寿命影响很大。不正确的组合和安装主要是指：填料组合方式不当、切割填料的尺寸错误、填料装填方式不当、压盖螺栓预紧不够或不均匀或过度预紧等，往往造成同一设备、相同结构形式、相同填料出现密封效果悬殊很

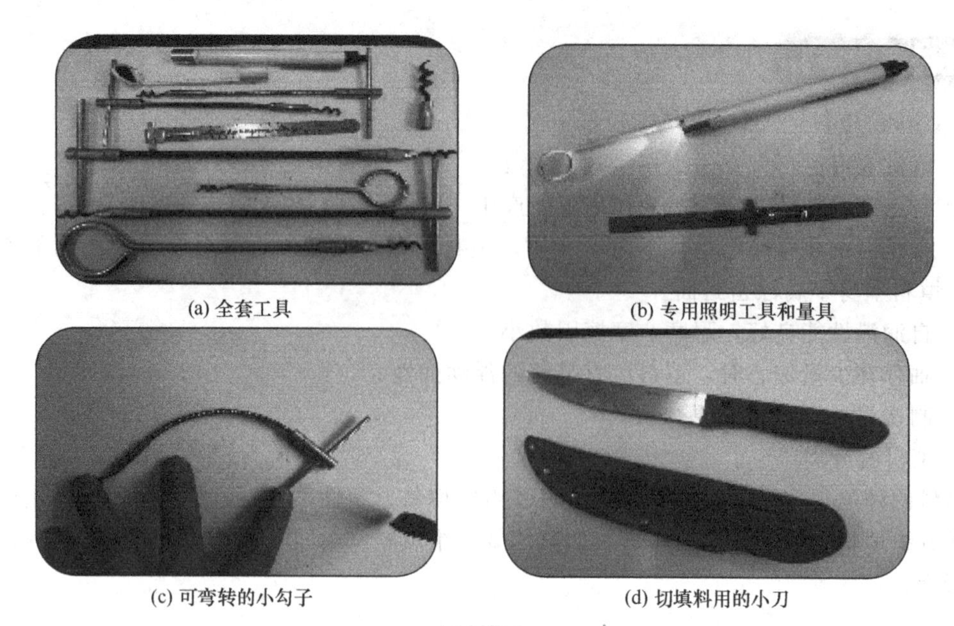
(a) 全套工具　(b) 专用照明工具和量具　(c) 可弯转的小勾子　(d) 切填料用的小刀

图 3-22　安装填料工具

大的情况。很显然，这种不正确的安装是导致软填料密封发生过量泄漏和密封过早失效的主要原因之一。所以，对安装的技术要求必须引起足够的重视。安装时要注意以下几个方面的要求。

① 清水离心泵填料函端面内孔边要有一定的倒角。

② 离心泵填料函内表面与轴表面不应有划伤（特别是轴向划痕）和锈蚀，要求表面要光滑。

③ 填料环尺寸要与填料函和轴的尺寸相协调，对不符合规格的应考虑更换。

④ 化工泵切割后的填料环不能任意将其变形，安装时，将有切口的填料环轴向扭转从轴端套于轴上，并可用对剖开的轴套圆筒将其往轴后端推入，且其切口应错开。

⑤ 安装完后，用手适当拧紧压盖螺栓的螺母，之后用手盘动，以手感适度为宜，再进行调试运转并允许有少量泄漏，但随后应逐渐减少，如果泄漏量仍然较大，可再适当拧紧螺栓，但不能拧得过紧，以免烧轴。

⑥ 已经失效的填料密封，如果原因在填料，可采用更换或添加填料的办法来处理，使之正常运转。

2. 软填料的安装

（1）清理填料函　在更换新的密封填料前必须彻底清理填料函，清除失效的填料。在清除时要使用专用工具，如图 3-23 所示，这样既省力，又可以避免损伤轴和填料函的表面。清除后，还要进行清洗或擦拭干净，避免有杂物遗留在填料函内，影响密封效果。

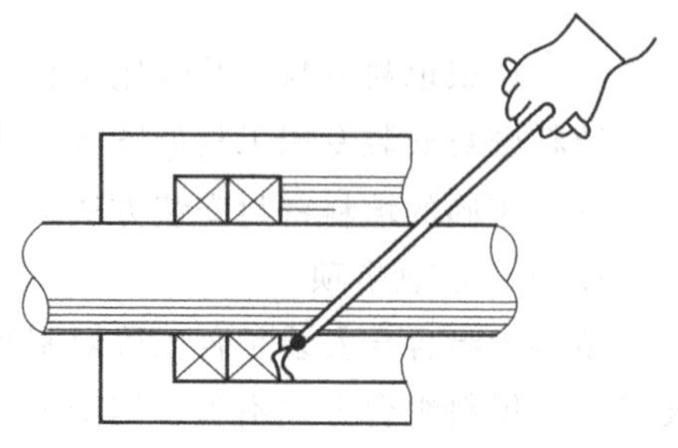
图 3-23　清理填料函

（2）检查　用百分表检查旋转轴与填料函的同轴度和轴的径向圆跳动量，柱塞与填料函的同轴度、十字头与填料函的同轴度，如图 3-24 所示，同时轴表面不应有划痕、毛刺。对修复的柱塞（如经磨削、镀硬铬等）需检查柱塞的直径圆锥度、椭圆度是否符合要求。还需检查填料材质是否符合要求，填料尺寸是否与填料函尺寸相符合等。

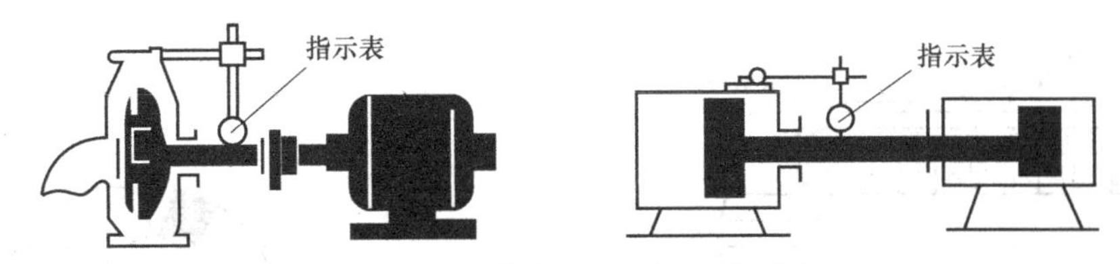

图 3-24　同轴度及径向圆跳动测量

填料厚度过大或过小时，严禁用锤子敲打。因为这样会使填料厚度不均，装入填料函后，与轴表面接触也将是不均匀的，很容易泄漏。同时需要施加很大的压紧力才能使填料与轴有较好的接触，但此时大多因压紧力过大而引起严重发热和磨损。正确的方法是将填料置于平整洁净的平台上用木棒滚压，如图 3-25 所示。但最好采用图 3-26 所示的专用模具，将填料压制成所需的尺寸。

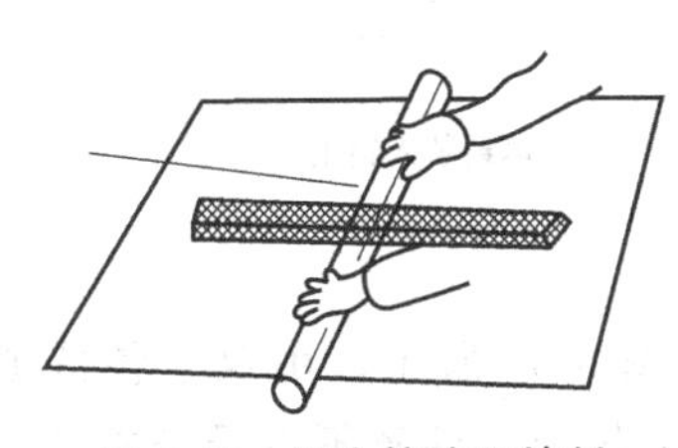

图 3-25　用木棒滚压填料

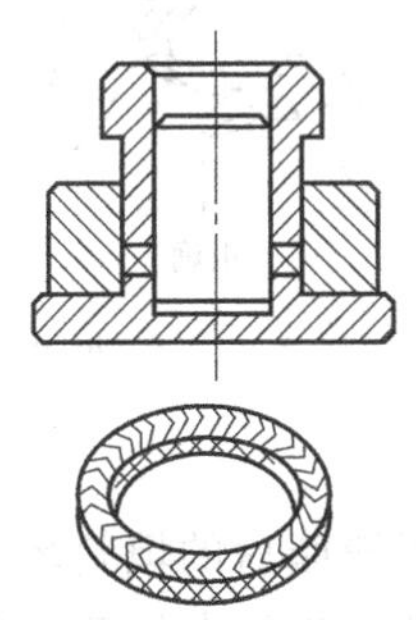

图 3-26　填料的模压改形

（3）切割密封填料　对成卷包装的填料，使用时应沿轴或柱塞周长，用锋利刀刃对填料按所需尺寸进行切割成环。切割时，最好的办法是使用一根与轴相同直径的柱子（如木棒），但不宜过长，并把填料缠绕在柱上，用手紧握住柱上的填料，然后用刀切断，切成后的环接头应吻合，如图 3-27 所示，切口可以是平的，但最好是与轴呈 45°的斜口。对切断后的第一节填料，不应当让它松散，更不应将它拉直，而应取与填料同宽度的纸带把每节填料呈圆环形包扎好（纸带接口应粘接起来），置于洁净处。成批的填料应装成一箱。

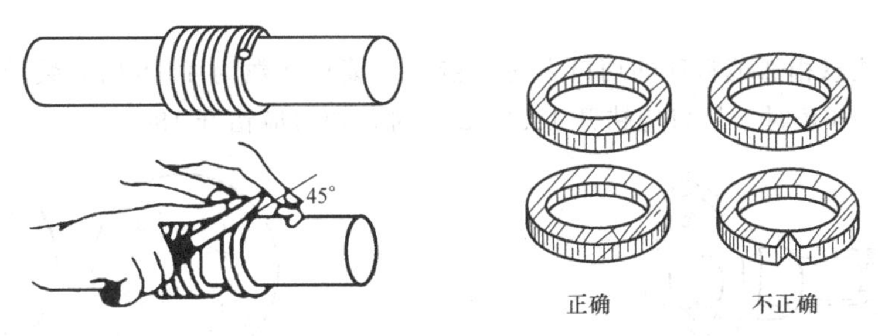

图 3-27　填料切割示意

（4）对填料预压成形　用于高压密封的填料，必须经过预压成形，如图 3-28 表示了填料经过预压缩后，再装入填料函内后填料径向压紧力的分布情况。与未经预压的填料相比，其径向压紧力分布比较均匀合理，密封效果也好，预压缩的比压应高于介质的压力，其值可取介质压力的 1.2 倍。

(5) 填料环的装填　为使填料环具有充分的润滑性，在装填填料环前应涂敷润滑脂或二硫化钼润滑膏，如图 3-29 所示，以增加填料的润滑性能。

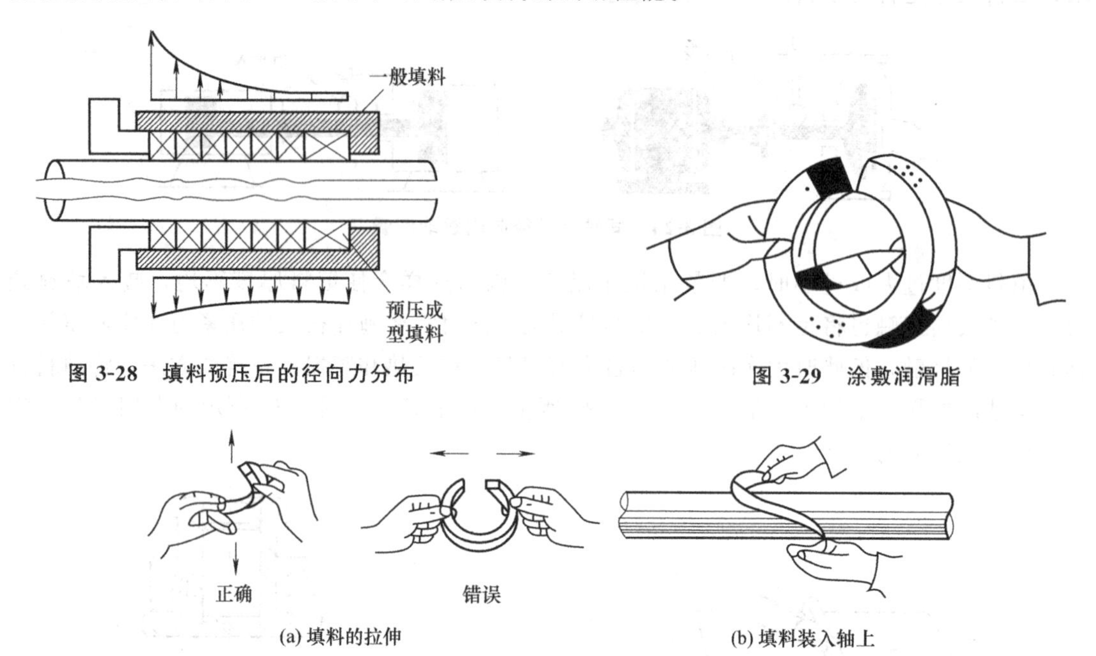

图 3-28　填料预压后的径向力分布

图 3-29　涂敷润滑脂

(a) 填料的拉伸

(b) 填料装入轴上

图 3-30　填料环的装填

涂敷润滑脂后的填料环，即可进行装填。装填时，如图 3-30 所示，用双手各持填料环切口的一端，沿轴向拉开，使之呈螺旋形，再从切口处套入轴上。注意不得沿径向拉开，以免切口不齐影响密封效果。

填料环装填时，应一个环一个环地装填。注意，当需要安装封液环时，应该将它安置在填料函的进液孔处。在装填每一个环时用专用工具将其压紧、压实、压平，并检查其与填料函内腔壁是否有良好的贴合。

如图 3-31 所示，可取一只与填料尺寸相同的木质两半轴套作为专用工具压装填料。将木质两半轴套合于轴上，把填料环推入填料函的深部，并用压盖对木轴套施加一定的压力，使填料环得到预压缩。预压缩量约为 5%～10%，最大到 20%。再将轴转动一周，取出木轴套。

装填时须注意相邻填料环的切口之间应错开。填料环数为 4～8 时，装填时应使切口相互错开 90°；3～6 环时，切口应错开 120°；2 环时，切口应错开 180°。

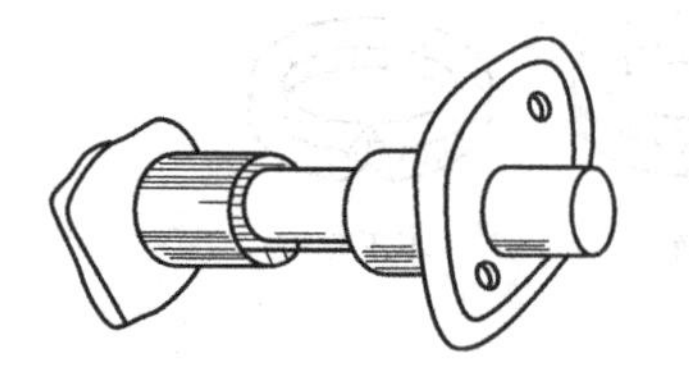

图 3-31　用木质两半轴套压紧填料

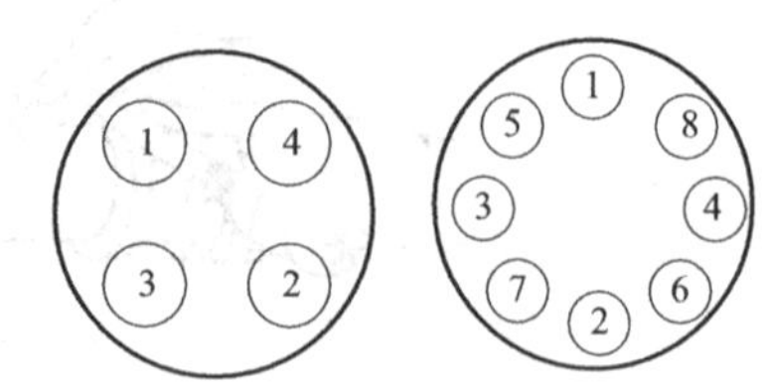

图 3-32　对称拧紧螺栓示意

装填填料时应该严格控制轴与填料函轴承孔的同轴度，还有轴的径向圆跳动量和轴向窜动量，它们是填料密封具有良好密封性能的先决条件和保证。

密封填料环全部装完后，再用压盖加压，在拧紧压盖螺栓时，为使压力平衡，应采用对称拧紧，如图 3-32 所示，压紧力不宜过大；先用手拧，直至拧不动时，再用扳手拧。

（6）运行调试　调试工作是必需的，其目的是调节填料的松紧程度。用手拧紧压盖螺栓后，启动泵，然后用扳手逐渐拧紧螺栓，一直到泄漏减小到最小的允许泄漏量为止；设备启动时，重新安装和新安装后的填料发生少量泄漏是允许的。设备启动后的 1h 内需分步将压盖螺栓拧紧，直到其滴漏和发热减小到允许的程度，这样做的目的是使填料能在以后长期运行工作中达到良好的密封性能。填料函的外壳温度不应急剧上升，一般比环境温度高 30～40℃可认为合适，能保持稳定温度即认为可以。

《填料密封的更换》考核项目及评分标准

<table>
<tr><td>考核要求</td><td colspan="4">①能够正确地选择和使用专用工具和测量工具。
②能够正确选择填料。
③能够制订正确的安装方案。
④安装后能保证满足填料密封的质量要求。
⑤团队合作能力。</td></tr>
<tr><td>考核内容</td><td>序号</td><td>考 核 内 容</td><td>分值</td><td>得分</td></tr>
<tr><td rowspan="2">考核准备</td><td>1</td><td>工作着装、环境卫生</td><td>5</td><td></td></tr>
<tr><td>2</td><td>工作安全，文明操作</td><td>5</td><td></td></tr>
<tr><td rowspan="6">操作步骤</td><td>3</td><td>正确使用拆卸工具拆填料</td><td>10</td><td></td></tr>
<tr><td>4</td><td>正确使用专用尺测量填料函的深度</td><td>10</td><td></td></tr>
<tr><td>5</td><td>说出填料的特性及应用</td><td>10</td><td></td></tr>
<tr><td>6</td><td>填料都有哪些材质构成</td><td>10</td><td></td></tr>
<tr><td>7</td><td>安装填料的步骤有哪些</td><td>10</td><td></td></tr>
<tr><td>8</td><td>制订双吸双支承离心泵填料密封安装方案并现场操作</td><td>15</td><td></td></tr>
<tr><td rowspan="4">团队协作</td><td>9</td><td>团队合作能力</td><td>10</td><td></td></tr>
<tr><td>10</td><td>自主操作能力</td><td>5</td><td></td></tr>
<tr><td>11</td><td>是否为中心发言人</td><td>5</td><td></td></tr>
<tr><td>12</td><td>是否是主操作人</td><td>5</td><td></td></tr>
<tr><td>考核结果</td><td colspan="4"></td></tr>
<tr><td>组长签字</td><td colspan="4"></td></tr>
<tr><td>实训教师签字</td><td colspan="4"></td></tr>
<tr><td>任课教师签字</td><td colspan="4"></td></tr>
</table>

学习子情境三　机械密封维修与检修

【情境导入】 在日常泵的使用检修中，几乎60%～70%工作量都是机械密封问题，因此，为了使泵能够安全、稳定、长久运转必须发展密封技术，培养密封技术的工程技术人员，解决生产上出现的密封问题。

【学习任务单】

<table>
<tr><td>学习领域</td><td colspan="2">泵维护与检修</td></tr>
<tr><td>学习情境三</td><td>悬臂式和双支承离心泵维护与检修</td><td>学时</td></tr>
<tr><td>学习子情境三</td><td>机械密封维修与检修</td><td>10</td></tr>
<tr><td>学习目标</td><td colspan="2">1. 知识目标
①掌握机械密封的原理、结构形式；
②了解机械密封的技术要求、材料和冲洗方法；
③掌握机械密封的故障分析和机械密封的更换。
2. 能力目标
①能熟练拆装各种形式的机械密封；
②能熟练判断机械密封的故障，并能对机械密封进行更换。
3. 素质目标
①培养学生在泵安装过程中具有安全操作和文明安装意识；
②培养学生在泵的密封问题上的创新意识。</td></tr>
<tr><td colspan="3">1. 任务描述
生产车间某装置，泵出现严重泄漏，工程技术人员要在规定时间内判断其密封泄漏的原因，对密封的形式、结构和材质要有明确的了解，并能对机械密封进行正确的更换。
2. 任务实施
①学生分组，每小组8～10人；
②小组按工作任务单进行分析和资料学习；
③小组讨论确定工作方案；
④现场操作；
⑤检查总结。
3. 相关资源
①教材；②教学视频；③教学课件④动画。
4. 拓展任务
填料密封改成机械密封。
5. 教学要求
①认真进行课前预习，充分利用教学资源；
②充分发挥团队合作精神，制订合理的安装方案；
③团队之间相互学习，相互借鉴，提高学习效率。</td></tr>
</table>

学习分情境一　机械密封的原理、形式和冷却冲洗

【工作任务单】

学习情境三	悬臂式和双支承离心泵维护与检修
学习子情境三	机械密封维修与检修
学习分情境一	机械密封的原理、形式和冷却冲洗
小组	
工作时间	6学时

案例引入

机械密封在泵的维护与检修过程中占有非常重要的地位，工程技术人员必须了解机械密封的工作原理、形式和技术要求，能准确判断不同泵所使用的机械密封。

任务要求

本学习分情境对学生的要求：
①能判断不同形式的机械密封；
②掌握机械密封所密封的漏点，在实物中指定位置；
③掌握机械密封的技术要求。

工作任务

①根据实物说明机械密封的结构形式。
提示：看实物，说出机械密封的结构。

②机械密封的工作原理。
提示：通过动画掌握液体在泵体流动过程，机械密封是怎样起密封作用的。

③机械密封的各元件对材质有什么要求。
提示：通过教学资源和实物了解相关知识。

④机械密封的动静环端面怎样进行检查。
提出：可通过教材和教学课件来理解。

⑤波纹管机械密封和弹簧式机械密封的应用。
提示：通过机械密封的发展和在石油化工企业中的应用来理解此知识。

⑥机械密封怎样进行冷却和冲洗。
提示：通过动画和图片，了解关于机械密封的冷却和冲洗知识。

【任务实施】

一、机械密封的基本结构

机械密封是靠两个垂直于旋转轴线的光洁而平整的表面，在加荷装置的作用下，互相紧密贴合并作相对转动构成的密封装置，它由动环、静环和动静环密封圈组成。构成机械密封的基本元件有：动环、静环、动环密封圈、静环密封圈、轴套、压盖、弹簧等，如图 3-33 所示。

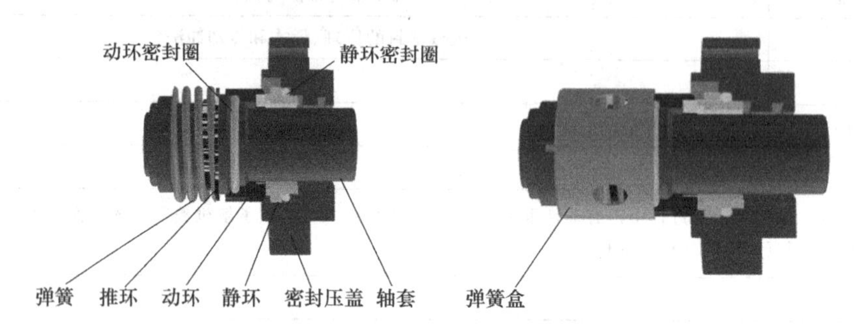

(a) 弹簧式机械密封

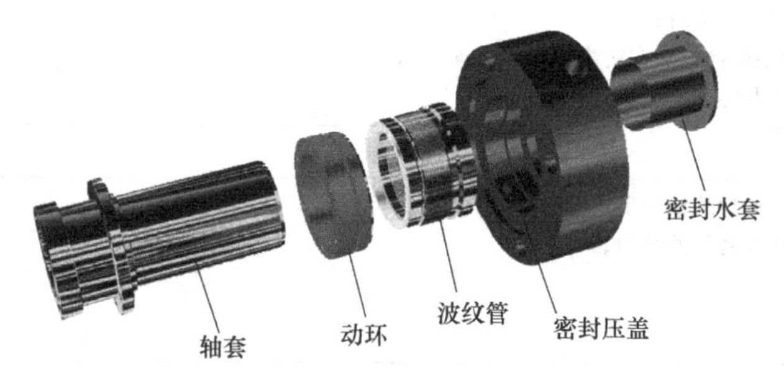

(b) 波纹管式机械密封

图 3-33 机械密封原理图

二、机械密封的泄漏点分析

机械密封的泄漏点如图 3-34 所示。

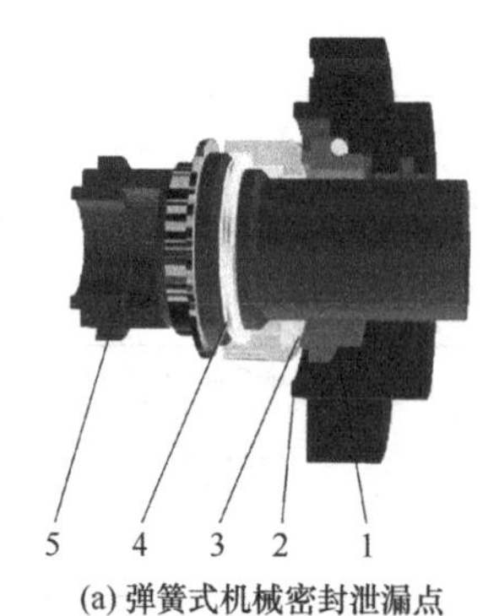

(a) 弹簧式机械密封泄漏点

1—静环密封圈；2—压盖密封圈；
3—动静环摩擦副；4—动环密封圈；5—轴套密封圈

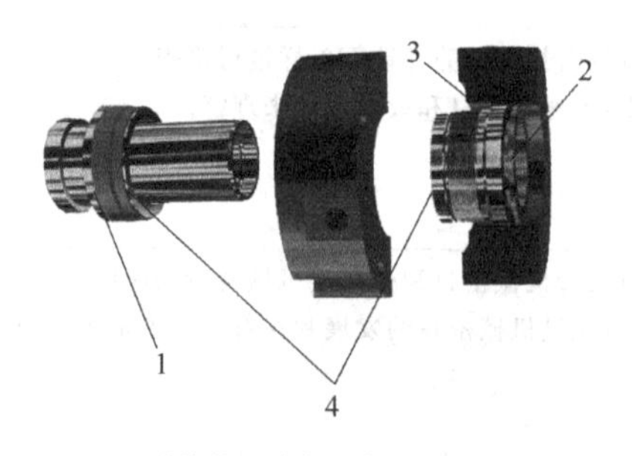

(b) 波纹管机械密封泄漏点

1—轴套与动环；2—压盖与波纹管；
3—压盖垫；4—摩擦副

图 3-34 机械密封的泄漏点

三、机械密封基本元件的作用和要求

① 端面密封副（静、动环）。端面密封副的作用是使密封面紧密贴合，防止介质泄漏。它要求静、动环具有良好的耐磨性，动环可以轴向灵活地移动，自动补偿密封面磨损，使之与静环良好地贴合；静环具有浮动性，起缓冲作用。为此密封面要求有良好的加工质量，保证密封副有良好的贴合性能。

② 弹性元件（弹簧、波纹管）。它主要起补偿和缓冲的作用，要求始终保持足够的弹性来克服辅助密封、传动件的摩擦和动环等的惯性，保证端面密封副良好的贴合和动环的追随性，材料要求耐腐蚀、耐疲劳。

③ 辅助密封（O 形圈、V 形圈、U 形圈、楔形圈和异形圈）。它主要起静环和动环的密封作用，同时也起到浮动和缓冲作用。要求静环的密封元件能保证静环与压盖之间的密封性和静环有一定的浮动性，动环的密封元件能保证动环与轴或轴套之间的密封性和动环的浮动性。材料要求耐热、耐寒并能与介质相容。

④ 传动件（传动销、传动环、传动座、传动键、传动突耳或牙嵌式联结器）。它起到将轴的转矩传给动环的作用。材料要求耐磨和耐腐蚀。

⑤ 紧固件（紧定螺钉、弹簧座、压盖、组装套、轴套）。它起到静、动环的定位、紧固的作用，要求轴向定位正确，保证一定的弹簧压缩量，使密封副的密封面处于正确的位置并保持良好的贴合。同时要求拆装方便、容易就位、能重复利用。与辅助密封配合处，安装密封圈要有导向倒角和压弹量，应特别注意动环辅助密封件与轴套配合处要求耐磨损和耐腐蚀，有必要时与轴套配合处可采用硬面覆层。

四、平衡型和非平衡型密封的划分

根据介质压力在端面上所引起的比压卸载情况分为平衡型和非平衡型两种类型，如图 3-35 所示。不卸载的称非平衡型，卸载的称平衡型，部分卸载的称部分平衡型，全部卸载的

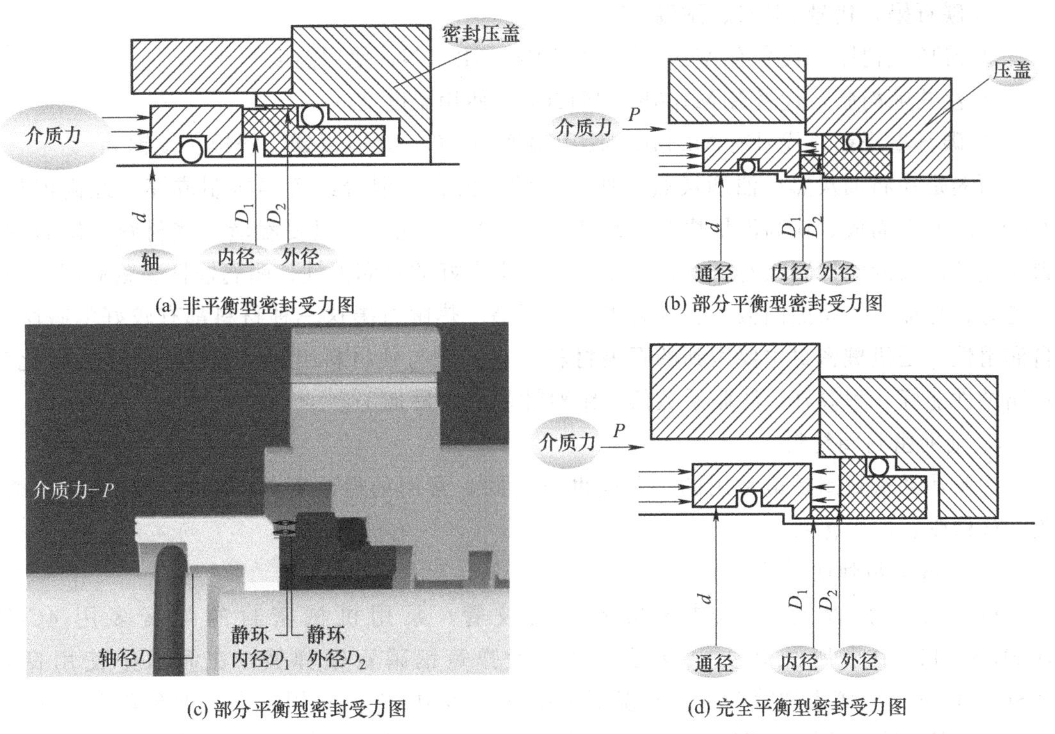

图 3-35　平衡型和非平衡型密封的划分

称全平衡型。

知识点一　机械密封的材料

机械密封的摩擦副（密封副）主要由动、静环组成，它要求具有耐磨、耐腐蚀、机械强度高、良好的耐热性 、气密性好、易加工等优点，其材质常用的如下。

1. 硬质合金

硬质合金简称 WC。硬质合金是含有钴、铬和钛的一类合金，其中钴是一种粘合剂，钴的含量越高材料的强度就越低。牌号有：YG-6，硬度为 89.5HRA；YG-8，硬度为 89HRA；YG-15，硬度为 87HRA。硬质合金有很高的硬度，它的硬度是高速钢的 20 倍，耐高温、线胀系数小、摩擦因数低和组对性能好，是机械密封不可缺少的材料。

2. 合金钢、高硅铁

合金钢经过热处理后，硬度和耐磨性大大增高，加工制造比较容易，成本比较低，常用的材料有 3Cr13、4Cr13、9Cr18、W18Cr4V。高硅铁是含碳 10%～17%的硅铁合金，它是一种优良的耐酸材料，对硫酸、硝酸、有机酸等介质有良好的耐腐蚀性，但不耐强碱、盐酸，硬度 45～50HRC。

3. 碳化硅（SiC）材料

碳化硅（SiC）是国际上目前最先进的材料，它的减摩性能特别好，摩擦因数小，硬度高，一般与硬质合金组对。

4. 石墨材料

① 碳石墨，代号 M121、耐温 350℃。

② 浸环氧树脂，代号有 M106H、M120N、M220N，使用温度 200℃。

③ 浸呋喃树脂，代号有 M106K、M120K，使用温度 200℃。

④ 碳石墨浸铝，代号有 M232L，使用温度 400℃；还有浸锑、浸银、浸铜等。

石墨是在石油炭黑、油烟炭黑中加入焦油、沥青等混合经粉碎压制成坯、经高温焙烧 2400～2800℃而成。在高温焙烧时出现 10%～30%气孔，所以要浸渍一些材料。碳石墨材料是用处最大的摩擦副组对材料，其特点是：有良好的自润滑性、耐腐蚀性、耐高温、组对性能好、易加工、摩擦因数小。碳石墨、烧石墨、热解石墨这三种材料都有较好的减摩性、自润滑性，是机械密封主要用到的石墨材料。它一般与硬材料组对，如硬质合金、碳化硅，耐腐蚀性能好，耐温好、线胀系数低、组对性能好、易加工。

5. 辅助密封圈材料

橡胶辅助密封圈是最常用的一种辅助密封圈，常用的橡胶密封圈有：丁腈橡胶、氟橡胶、硅橡胶、乙丙橡胶。

6. 机械密封弹性元件

机械密封弹性元件有弹簧和金属波纹管。泵用机械密封的弹簧多用 4Cr13、1Gr18Ni9Ti，在弱腐蚀介质中也可以用碳素弹簧钢磷青铜弹簧，在海水中使用良好，60Si2Mn、65Mn 碳素弹簧钢用在常温下无腐蚀介质中，50GV 用于高温油泵较多，3Cr13、4Cr13 铬钢弹簧钢适用于腐蚀介质，1Cr18Ni9Ti 等不锈钢弹簧在稀硫酸中使用。

知识点二　机械密封的冲洗和冷却

一、机械密封的冲洗

冲洗是一种控制温度、延长机械密封寿命的最有效措施。冲洗的目的在于带走热量、降低密封腔温度，防止液膜汽化、改善润滑条件、防止干运转、防止杂质集积和气囊形成。冲洗实际上是直接冷却的方法，它有正向冲洗、反向冲洗、全冲洗及综合冲洗几种。冲洗液的来源有内冲洗、外冲洗。按冲洗入口布置有单点冲洗、多点冲洗。

1. 正向冲洗

如图 3-36 所示。当介质温度在 0～80℃时，正向冲洗是通常采用的冲洗冷却，它是最常用的方法，又分为自身冲洗型和外部冲洗型两种。

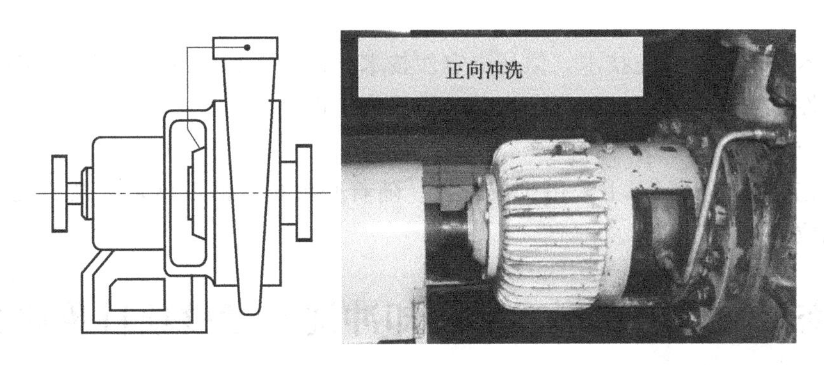

图 3-36　正向冲洗

2. 反向冲洗

从密封腔引出的密封介质返回泵内压力较低处（通常是泵的入口处），利用密封介质自身循环冲洗密封腔。这种方法常用于密封压力与排出压力差极小的场合。

3. 全冲洗

从泵高压侧（泵出口）引入密封介质，又从密封腔引出介质返回泵的低压侧进行循环冲洗。这种冲洗也叫贯通冲洗。

4. 两向冲洗

如图 3-37 所示。对于双支承泵可采用两向冲洗，出口端密封腔压力高于入口密封的压力将两端密封腔连接起来，对泵出口端是反向冲洗，泵的入口端是正向冲洗，故称为两向冲洗。

图 3-37　两面冲洗机械密封

二、机械密封的冷却

冷却的目的就是去热降温，冷却的方式有直接冷却和间接冷却。前面介绍的实质上是一种直接冷却的方式，间接冷却的效果比直接冷却要差一些，但是对冷却液要求不高，间接冷却的方法有密封腔夹套、压盖夹套、静环夹套。背冷是一种用冷却剂（水、油等）直接从静环背面冷却静环的冷却方式，其冷却效果良好，能直接迅速冷却静环背面，又叫急冷，它通常与冲洗方式结合使用。

知识点三　机械密封的作用、意义和地位

一、作用

提高机器效率、降低能耗。减少摩擦损失，改变密封方式，改变辅助系统，安全和环保。

二、意义

密封技术虽然不是领先技术，但是决定性技术，密封件虽然不大，只是个部件，但决定机器的安全性、可靠性。机械密封在日常设备维修中占工作量的60%。

三、地位

石化工艺装置中86%以上采用机械密封。随着密封技术的发展，机泵的机械密封占有更重要的地位。

《机械密封的原理、形式和冷却冲洗》考核项目及评分标准

考核要求	①能够通过课前预习，了解有关机械密封的知识。 ②明确任务单所提出的各项任务。 ③对于实物和图形是否能真正理解。 ④团队合作，文明操作。			
考核内容	序号	考核内容	分值	得分
考核准备	1	工作着装、环境卫生	5	
	2	工作安全，文明操作	5	
考核知识点	3	机械密封和相关技术准备到位	10	
	4	机械密封的结构形式和分类	10	
	5	波纹管机械密封的应用和特点	10	
	6	弹簧式机械密封的应用和特点	10	
	7	机械密封的工作原理	15	
	8	机械密封的冷却和冲洗	10	
团队协作	9	团队合作能力	10	
	10	自主操作能力	5	
	11	是否为中心发言人	5	
	12	是否是主操作人	5	
考核结果				
组长签字				
实训教师签字				
任课教师签字				

学习分情境二　机械密封的安装和故障分析

【工作任务单】

学习情境三	悬臂式和双支承离心泵维护与检修
学习子情境三	机械密封维修与检修
学习分情境二	机械密封的安装和故障分析
小组	
工作时间	4学时
案例引入	
机械密封在泵的维护与检修过程中占有非常重要的地位，工程技术人员必须了解机械密封的工作原理、形式和技术要求，能准确判断不同泵所使用的机械密封。	
任务要求	
本学习分情境对学生的要求： ①能判断不同形式的机械密封； ②掌握机械密封所密封的漏点，在实物中指定位置； ③掌握机械密封的技术要求。	
工作任务	
①机械密封的质量技术要求。 提示：通过教材和检修手册获取知识。	
②机械密封可能发生的故障及处理办法。 提示：通过教材和其他教学资源，对实际破损的密封元件来进行分析。	
③机械密封质量检查包括哪些内容。 提示：按质量要求进行检查。	
④现场对单级单吸离心泵机械密封进行更换。 提示：实际拆卸一台泵，主要是有针对性地进行密封的更换。	
⑤机械密封的试车和运行。 提示：安装完成后进行试车。	

【任务实施】

密封拆卸后，出现以下情况，分析原因。

① 硬质合金环龟裂图像，如图 3-38 所示。

② 质硬合金环出现沟痕，如图 3-39 所示。

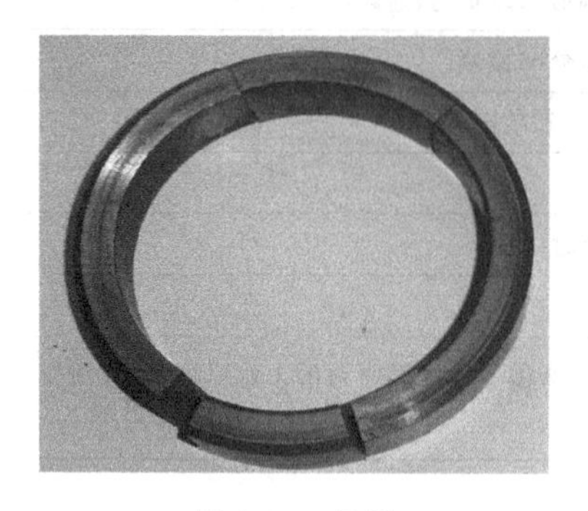

图 3-38　龟裂

图 3-39　沟痕

③ 密封环老化失弹出现裂纹，如图 3-40 所示。

④ 密封环老化黏结在静环上，如图 3-41 所示。

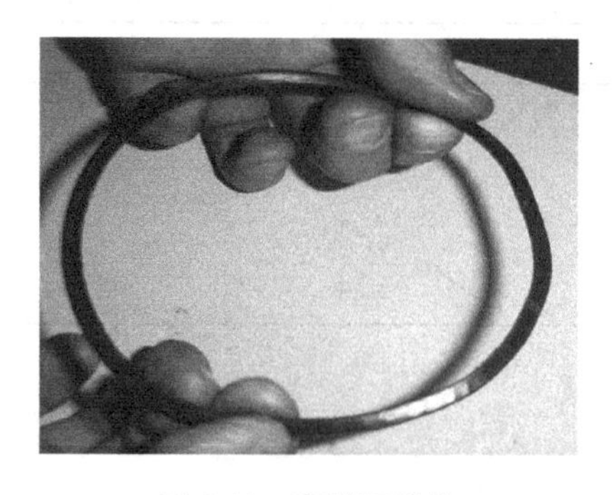

图 3-40　密封环裂纹

图 3-41　密封环老化黏结

⑤ 波纹管端面损坏，如图 3-42 所示。

⑥ 波纹管摩擦副锯齿形破坏和波纹管断裂，如图 3-43 所示。

⑦ 机械密封冷却水结垢，如图 3-44 所示。

图 3-42　波纹管损坏

图 3-43　波纹管断裂

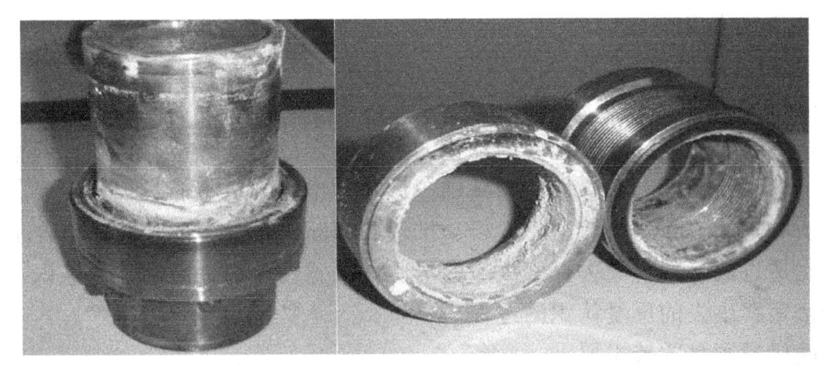

图 3-44　冷却水结垢

【知识链接】

知识点　机械密封的故障分析及质量要求

一、机械密封的故障分析方法

1. 机械密封的故障分析的必要性

国内外的统计表明，机械密封故障占离心泵故障的50%～70%，机械密封故障中老化性故障占10%～30%，绝大部分属于事故性故障，事故性故障是分析研究故障的对象。

2. 做好故障分析

进行故障分析的人员要具备两个条件，一是有一定的基础知识；二是有丰富的实践经验，此外，还要热爱本职工作，深入现场实际亲自开展故障分析。

3. 做好机泵维修记录和故障分析记录

应建立机泵运转台帐、机泵维修台帐和密封、故障登记录等记录表，按时准确地记录维修台帐及密封失效现象、失效部位、失效时间及寿命，原因分析和改进措施。

4. 资料收集

正确地判断来源与周密地调查研究。这个调查过程就是对现场状况询问、观察、检查及必要的测试。即收集现场资料（包括对历史的维修记录及设备档案资料的了解和研究），还要注意资料的真实性和完整性，深入细致地进行现场观察、防止主观臆断和片面性。

5. 综合分析

对资料归纳整理、抓住主要问题作出初步诊断，在维修实践中验证诊断，对故障的认识需要经过实践、认识、再实践、再认识的过程。在技术上精益求精，不断地提高对故障的认识，在分析故障时要作好记录、保存好损坏的密封件。一般机械密封故障分析时常见的外部情况也可直接校正或最后作为故障诊断的方向。

密封拆卸时保持零件的原貌，不要损坏，分析和检查全部零件，清洗后再检查磨损情况。故障分析主要内容就是通过对摩擦副（或磨损）痕迹、磨损程度、位置大小的分析确定事故原因并制订改进措施。

二、一般故障诊断的方法——目测检查和故障判断

通常失效原因最好的、最重要的标志从目测检查开始，一旦原因确定，有效解决办法通常也就清楚了。必须注意：若征兆或迹象在拆卸时丢掉，就无法追回。为了避免关键信息丢失的危险性，应注意下列失效模式：

① 外部征兆；

② 拆卸前检查结果；

③ 拆卸后检查结果；

④ 各密封元件的目测检查结果。

故障分析主要是通过诊断（经验的和检测的）确定故障的部位，再经过调整或修换进行排除。正确的诊断是预防和排除故障的基础。诊断是维修人员将通过现场观察、询问、检查及必要测试所收集的资料进行综合、分析、推理和判断，对设备的故障作出合乎实际的结论的过程，也是透过故障的现象去探索故障的本质，从感性认识提高到理性认识，又从理性认识再回到维修实践中去的反复认识的过程。

三、明确机械密封的技术要求

1. 机械密封的自由度

机械密封有三个自由度，即轴向移动、径向移动及绕轴转动，控制三个自由度主要措施是提高机械密封的安装精度，机械密封安装中，端面平直度与转轴轴线的垂直度最为重要。这常常是造成机械密封泄漏的主要原因之一。

2. 密封的振动

机械密封的泄漏大部分是从摩擦副面泄漏和密封圈泄漏的。所以有必要检查轴与密封腔、密封压盖、轴套与轴等一系列安装精度和加工精度。

① 轴的直线度一般不大于 0.05mm。

② 轴对密封腔的水平窜动（指多段泵安装后）用打表法完成。

③ 密封轴套与轴间隙 δ：0.04～0.06 mm（指机械密封）。

④ 轴的偏心。利用抬轴法检查，当读数大于 0.05 mm 表明轴承发生磨损。

⑤ 联轴器找正，驱动端与轴间的找正，应定期检查，这是很重要的。

⑥ 热态和冷态找正的检查特别是泵的流体温度高于 80℃，运转几个小时以后，一旦停车应立即找正检查，如有必要须重新找正。

⑦ 密封零件，无论从制造精度上和安装精度上，都要求很严格，安装不当会影响机械密封的性能，严重会导致密封失效，因此，必须在安装中加以特别的注意。

⑧ 安装前的准备工作及注意事项，检查机械密封型号、规格，特别是机械密封的质量是否合格。

⑨ 静环尾部与防转销顶部应保证 1～2mm 的间隙，以免缓冲失效。检查弹簧旋向，弹簧旋向应与轴的旋向相同，如果方向搞错传动就会失败。

⑩ 机械密封在正常工作状态下的安装尺寸。检查机械密封的安装尺寸是否与图纸一致，检查压缩长度允差一般为±0.5mm。

⑪ 压盖。压盖螺钉不能拧得太紧以免发生静环变形造成泄漏。这一点很重要，如果有四个螺钉最好按 1、3、4、2 的顺序拧紧。

⑫ 弹簧压缩量一定要按规定进行，不允许有过大或过小的现象。误差允许±2mm（指大弹簧密封），小弹簧密封和波纹管密封误差允许±0.5mm。弹簧旋向应与轴转动方向一致。

⑬ 动环安装后必须保证动环能在轴上或轴套上灵活移动。为了使转子平衡运转时不产生较大的振动，安装时应注意以下几点：转子的径向跳动，叶轮口环不超过 0.06～0.10mm，轴套等部位不超过 0.04～0.06mm，叶轮找平衡。

⑭ 密封箱与轴的同轴度 0.10mm。

⑮ 密封箱与轴的垂直度 0.10mm。

⑯ 转子的轴向窜动 0.30mm。

⑰ 压盖与密封腔配合支口同轴度 0.10mm。

⑱ 工作温度下泵与电机的同轴度：轴向 0.08mm，径向 0.10mm。

四、机械密封的质量检查

高质量的机械密封必须有良好的密封性能、泄漏量小和使用的耐久性。

① 机械密封的质量检查。首先检查密封动静环的平直度，一般机械密封的平面的平直度应在 0.0006～0.0009mm。光学平晶检查 2～3 个干涉带，如果不合格必须研磨平后才可使用。动静环两端面平行度 0.02～0.03mm。

② 密封弹簧的质量检查。首先检查弹簧的高度必须符合设计要求，同一密封小弹簧自由高度差不大于 0.5mm，两面磨平后，放在平板上不允许摇动。

③ 波纹管密封的质量检查。外观及尺寸的检查，焊缝应无熔合及气孔等缺陷，焊缝光滑均匀、应无明显的焊瘤、波纹管的平行度在 0.5mm。波纹管的刚度值在弹簧测试机检查在 190～250N 之间。这样才能保证密封的端面比压。

④ 机械密封圈的检查。橡胶圈截面圆整，表面光滑、无凹凸不平等缺陷。

五、机械密封的试车和运行

如果要求机械密封不仅有理想的使用寿命，同时又有最小的泄漏率，就要对密封进行精心的设计和安装，而且还要有正确的试车程序、操作规程和操作规范。试车的主要目的是确保密封在开车时不会出现干摩擦现象，以便在运转中建立起良好的润滑状态。

《机械密封的安装和故障分析》考核项目及评分标准

考核要求	①能够通过课前预习，了解有关机械密封的知识。 ②明确任务单所提出的各项任务。 ③对于实物和图形是否能真正理解。 ④团队合作，文明操作。			
考核内容	序号	考 核 内 容	分值	得分
考核准备	1	工作着装、环境卫生	5	
	2	工作安全，文明操作	5	
考核知识点	3	说明机械密封的质量要求	10	
	4	对照破损的实物元件分析故障原因	10	
	5	机械密封可能发生泄漏的原因及处理办法	10	
	6	机械密封的组装	10	
	7	拆卸单级单吸离心泵上的机械密封，对其进行更换	15	
	8	机械密封的试车及运行	10	
团队协作	9	团队合作能力	10	
	10	自主操作能力	5	
	11	是否为中心发言人	5	
	12	是否是主操作人	5	
考核结果				
组长签字				
实训教师签字				
任课教师签字				

学习情境四

多级泵维护与检修

【情境导入】 某企业工程技术人员在巡检时发现，装置上一台正在工作的多级泵排出压力不足、振动噪声大、密封处泄漏严重，已经不能正常工作，需要对其进行彻底维修。按照工程检修单要求，工程技术人员到现场分析事故原因，按照相关的程序，将多级泵运回到检修车间中进行检修，修理后安装到原位置，使其恢复正常工作状态。

【学习任务单】

学习领域	泵维护与检修	学时
学习情境四	多级泵维护与检修	16
学习目标	1. 知识目标 ①了解多级泵的结构和工作原理； ②掌握多级泵维护与检修规程； ③掌握各转子零件的检测和维修方法。 2. 能力目标 ①能熟练使用工具对多级泵进行拆装； ②能熟练使用测量工具对转子进行测量； ③能熟练进行多级泵的试车操作。 3. 素质目标 ①培养学生在泵拆装过程中具有安全操作和文明安装意识； ②培养学生在泵的拆装过程中团队协作意识和吃苦耐劳的精神。	
1. 任务描述 检修车间有一台需要检修的多级泵，按检修任务单的要求，对其进行全部拆装修理，拆卸前要了解多级泵的结构和工作原理，制订合理的拆装方案，选择好使用的工具和量具，对拆卸出来的零件进行测量，找出发生故障的原因，并对磨损的零件进行修理，回装到装置上对其进行试车，使其恢复到原来的正常工作状态。 2. 任务实施 ①学生分组，每小组6～8人； ②小组按工作任务单进行分析和资料学习； ③小组讨论确定拆装方案； ④现场操作； ⑤检查总结。 3. 相关资源 ①教材；②拆装仿真动画；③教学录像；④多级泵和相关工具。 4. 拓展任务 对开式多级泵的维修与检修。 5. 教学要求 ①认真进行课前预习，充分利用教学资源； ②充分发挥团队合作精神，制订合理的安装方案； ③团队之间相互学习，相互借鉴，提高学习效率。		

学习子情境一　多级泵的拆卸

【工作任务单】

学习情境4	多级泵维护与检修
学习子情境一	多级泵的拆卸
小组	
工作时间	4学时
案例引入	
检修车间有一台需要检修的多级泵，按检修任务单的要求，对其进行全部拆卸。拆卸前要了解多级泵的结构和工作原理，制订拆卸方案，选择好使用的工具和量具，对其进行拆卸。	
任务要求	
本学习子情境对学生的要求： ①课前做好预习，了解多级泵的结构和工作原理； ②确定拆卸方案、准备好拆卸所用的工具和量具； ③小组之间独立完成任务，注意文明操作。	
工作任务	
①工具的准备。 提示：工具和量具应齐全。	
②了解多级泵在石油化工企业中的应用。 提示：根据学生的预习情况，以小组为单位讨论多级泵在石化企业中的应用。	
③了解多级泵的结构和工作原理。 提示：根据学生的预习情况，以小组为单位，讲解多级泵的工作原理、结构。	
④确定拆卸多级泵的方案。 提示：学生在工作车间，每个小组由中心发言人讲解各小组的拆卸方案，经过学生们的讨论，从中确定正确合理的方案。	
⑤各组根据方案进行拆卸。 提示：清理现场，学生分工明确，文明操作，拆卸的零件摆放有序。	

【任务实施】

一、多级泵的工作原理和结构

多级泵有分段式多级离心泵和中开式多级离心泵两种，分段式多级离心泵是一种垂直剖分多级泵，它由一个前段、一个后段和若干个中段组成，并用螺栓连接为一体，如图 4-1 所示。泵轴的两端用轴承支撑，泵轴中间装有若干个叶轮，叶轮与叶轮之间用轴套定位，每个叶轮的外缘都装有与其相对应的导轮，在中段隔板内孔中装有壳体密封环。叶轮一般是单吸的，吸入口都朝向一边，按单吸叶轮入口方向将叶轮依次串联在轴上。为了平衡轴向力，在末级叶轮后面装有平衡盘，并用平衡管与前段相连通。其转子在工作时可以左右窜动，靠平衡盘自动将转子维持在平衡位置上。轴封装置对称布置在泵的前段和后段轴伸出部分。

(a) 多级泵外形

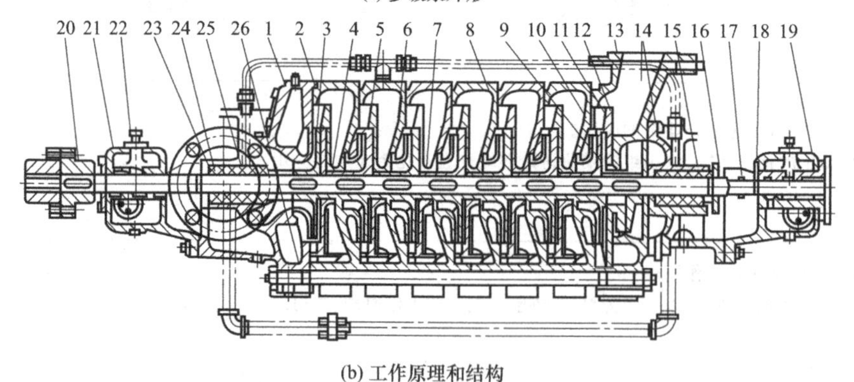

(b) 工作原理和结构

图 4-1 分段式多级离心泵

1—进水段；2—中段；3—叶轮；4—轴；5—导轮；6—密封环；7—叶轮挡套；8—导叶套；9—平衡盘；10—平衡套；11—平衡环；12—出水段导轮；13—出水段；14—后盖；15—轴套乙；16—轴套锁紧螺母；17—挡水圈；18—平衡盘指针；19—轴承乙部件；20—联轴器；21—轴承甲部件；22—油环；23—轴套甲；24—填料压盖；25—填料环；26—泵体拉紧螺母

二、拆卸过程

① 整理好多级泵周围的工作环境，准备好拆卸的工具。

② 多级泵的拆卸过程，如图 4-2 所示。

(a) 拆联轴器　(b) 拆两端的轴承支座

(c) 拆左端的平衡盘端盖　(d) 拆下右端填料压盖

(e) 拆出填料　(f) 扭螺栓拉杆两端的螺母

(g) 拆下四根螺栓杆　(h) 拆下右端压盖

(i) 右端压盖内部结构　(j) 拆下轴套

(k) 拆下一级叶轮　(l) 拆下第一段

图 4-2

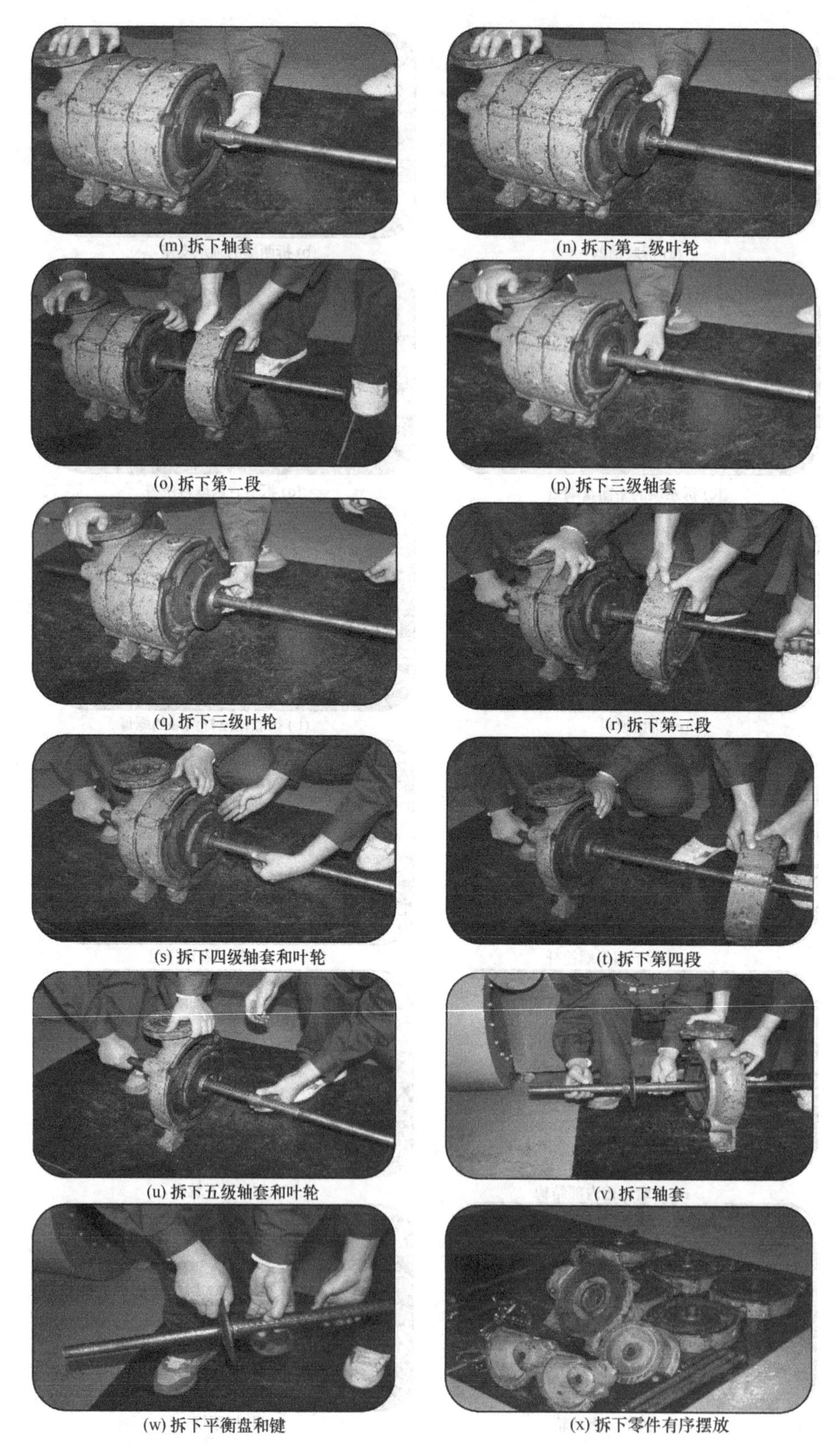

(m) 拆下轴套

(n) 拆下第二级叶轮

(o) 拆下第二段

(p) 拆下三级轴套

(q) 拆下三级叶轮

(r) 拆下第三段

(s) 拆下四级轴套和叶轮

(t) 拆下第四段

(u) 拆下五级轴套和叶轮

(v) 拆下轴套

(w) 拆下平衡盘和键

(x) 拆下零件有序摆放

图 4-2　多级离心泵拆卸过程

【知识链接】

知识点一　多级离心泵拆卸的注意事项

① 在开始拆卸以前，应将泵内介质排放彻底。若是腐蚀性介质，排放后应再用清水清洗。

② 在拆卸时，应将拆下的各段外壳、叶轮、键等零件按顺序排好、编号，不能弄乱，在回装时一般按原顺序回装。有些组合件可不拆的尽量不拆。

③ 零件应轻拿轻放，不能磕碰，不能摔伤，不能落地。

④ 在检修期间，为避免有人擅自合上电源开关或打开物料阀门而造成事故，可将电源开关上锁，并将物料管加上盲板。

⑤ 不得松动电动机地脚螺栓，以免影响安装时泵的找正。

知识点二　多级离心泵的安全操作规程

一、启动前的准备

① 检查机组附近有无妨碍运转的物体，拿掉机器上的杂物，清理干净现场。

② 检查各轴承的润滑油是否充足与变质，润滑油不足应加入适量的润滑油；润滑油变质应更换润滑油。

③ 电动机和水泵固定是否良好，各地脚螺栓、紧固件、安全防护罩是否牢固可靠。

④ 电气开关及电机接地线是否完好、可靠；检查电机的转向是否正确。

⑤ 检查轴封是否完好，人工盘车 2～3 圈，检查转动部件是否正常，泵能够轻便地盘车。

⑥ 管道及阀门是否完好，各阀门开关是否正确，压力表是否灵敏可靠；启动泵前，应用输送的液体灌泵，排除泵内的空气，并关闭出口管路上的阀门。

二、启动泵

① 检查各项准备工作是否完善，完成后便可启动泵。

② 待泵转速稳定，打开各种仪表的开关。

③ 启动后电流表指针摇动到指定位置，慢慢开启出口阀门，泵进入正常运行。离心泵启动后关闭出口管路上的阀门的时间不得超过 3min。如果时间过长，会引起平衡盘装置的磨损和机械密封摩擦副的损坏。

④ 启动泵时要注意泵的电流等读数及泵的振动情况，振动位移的幅值不得超过 0.06mm。

⑤ 轴封的泄漏情况是泵的工作情况好坏的重要标志，泄漏量应符合检修规程要求。

三、停泵

① 在停车前应先关闭压力表和真空表阀门，再将排水阀关闭。

② 切断电源。

③ 待泵冷却后，关闭吸入阀、冷却水、机械密封冲洗水等。

④ 放尽泵内液体，以防在寒冷季节结冰，冻裂泵体。

⑤ 做好清洁工作。

四、调泵操作

① 按启动要求启动备用泵；

② 等备用泵运行正常后，进行切换，故障泵停车，关闭故障泵出口阀门与进口阀门。

五、日常维护工作内容

① 操作人员必须熟悉所用离心泵的结构、性能、工作原理及操作规程。

② 泵在运转过程中，定期补加或者更换润滑油，注意检查电机、轴承是否超温，各紧固件是否松动，有无异常响声等，如发现异常应立即处理。

③ 应定期进行维修保养，压力表每半年校验一次。

④ 保持泵及周围场地整洁，及时处理跑、冒、滴、漏；泵在运转过程中严禁触及或擦拭转动部件。检修时，如果泵体及管道内存有有毒或腐蚀性化学物料，检修人员应佩戴必要的防护用品，设法放净泵内物料并进行冲洗达到安全检修条件后，方可进行修理。

⑤ 遇有下列情况之一，应作紧急停车处理：

a. 泵内发出异常的声响；

b. 泵突然发生剧烈振动；

c. 电流超过额定值持续不变，经处理无效；

d. 泵突然不排液。

《多级泵的拆卸》考核项目及评分标准

考核要求	①能够正确地选择和使用各种类别、型号的工具； ②能够识读多级泵的结构图； ③能够确定多级泵的拆卸方案； ④能够正确地运用，掌握安全操作方法； ⑤充分发挥团队合作意识。			
考核内容	序号	考核内容	分值	得分
考核准备	1	工作着装、环境卫生	5	
	2	工作安全，文明操作	5	
考核知识点	3	正确使用常用工具和量具	10	
	4	多级泵拆卸方案的确定	10	
	5	多级泵的拆卸前准备工作	10	
	6	拆卸零件有序摆放	10	
	7	平衡盘和键的拆卸	10	
	8	轴承箱的拆卸	15	
团队协作	9	团队合作能力	10	
	10	自主操作能力	5	
	11	是否为中心发言人	5	
	12	是否是主操作人	5	
考核结果				
组长签字				
实训教师签字				
任课教师签字				

学习子情境二　零件的质量检查和测绘

【工作任务单】

学习情境四	多级泵维护与检修
学习子情境二	零件的质量检查和测绘
小组	
工作时间	4 学时
案例引入	
检修车间内对已经拆卸完的多级离心泵进行零件的清洗，对有配合和间隙要求的部件进行测量，对多级泵的叶轮、密封环、平衡盘、轴套和轴进行测绘并绘制出零件草图。	
任务要求	
本学习子情境对学生的要求： ①课前做好预习，了解多级离心泵各零部件安装质量要求； ②确定各零件的表达方案，能绘制零件草图。 ③零件图形绘制要求是每人自己完成。	
工作任务	
①对所拆卸下来的叶轮、轴套、导叶轮、平衡盘、轴承等零件进行清洗。 提示：用清洗液或煤油对零件进行洗涤。	
②测量具有配合和安装要求的零件尺寸。 提示：选取测量工具对密封环、叶轮的轮毂、轴承等进行测量。	
③测绘并绘制零件图。 提示：测量叶轮、轴、轴套、平衡盘、密封环的尺寸，绘制零件草图。	
④说明平衡盘的工作原理。 提示：平衡盘是怎样平衡轴向力的？	
⑤转子的跳动量和轴的弯曲量是怎样确定的？ 提示：确定现场测量的方案，并进行测量。	

【任务实施】

一、清洗零件

用清洗液对所有零件进行清洗。

二、质量的检查

1. 磨损零件的测量

如图 4-3 所示。

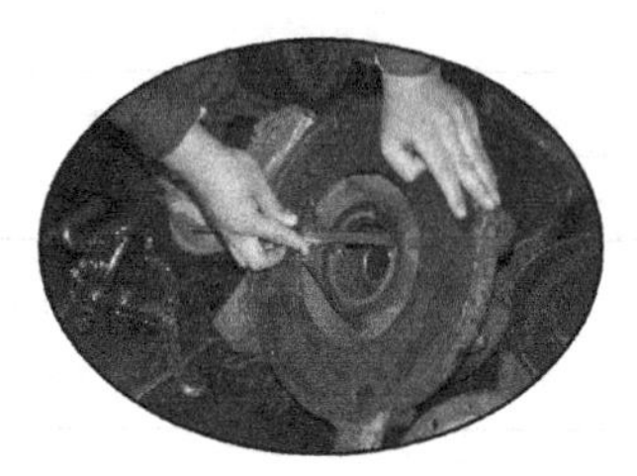

(a) 密封环内径的测量

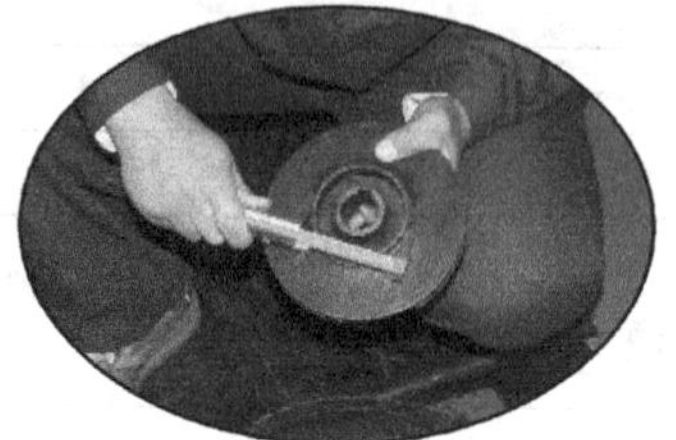

(b) 叶轮的测量

(c) 铜套内径的测量

图 4-3 质量检查

2. 泵轴的检修

一般先用煤油将泵轴清洗干净，在光线明亮的地方进行检查，并用砂布打光；检查表面是否有沟痕和磨损，观察叶轮端腐蚀、冲蚀的程度，填料轴封部位磨损程度；然后用千分尺检查主轴颈圆柱度和用百分表检查直线度，必要时用超声波或磁性探伤或着色检查，看是否有裂纹。如果损坏严重已影响到泵轴的机械强度的或者有裂纹应立即更换。

3. 叶轮的检修

叶轮需要做基本尺寸、外观和静平衡检查。

(1) 叶轮口环磨损的处理　叶轮口环磨损可以上车床对磨损部位进行车削，消除磨损痕迹，根据车削后的叶轮口环直径，加工新的圆环并打磨，与其相配，以保持原有间隙。

(2) 叶轮腐蚀或汽蚀损坏的处理　当离心泵叶轮被腐蚀或汽蚀时，除了补焊修复外，还可用环氧胶黏结剂修补。

(3) 叶轮与轴配合松动的处理　当叶轮与轴配合过松，可以在叶轮内孔镀铬后再磨削，或在叶轮内孔局部补焊后上车床车削。

(4) 叶轮键槽与键配合松动的处理　当叶轮键槽与键配合过松时，在不影响强度的情况下，根据磨损情况适当加大键槽宽度，重新配键。在结构和受力允许时，也可在叶轮原键槽相隔 90°或 120°处重开键槽，并重新配键。

对于修复叶轮或更换新叶轮，都要做静平衡试验，必要时进行动平衡试验。

4. 轴套、平衡盘的检修

(1) 轴套损坏处理　轴套是易损件，在轴套表面产生点蚀或磨损后，一般都采用更换法。

(2) 平衡盘检修　多级离心泵平衡盘装置在装配和运转中常出现的问题是平衡盘与平衡环接触表面磨损，出现这种情况会使泵在运行过程中造成液体大量内泄漏，最终导致平衡盘失效，起不到平衡转子轴向力的作用，因此要对这种情况进行检查和处理。

检查平衡盘与平衡环两接触面接触情况时，先在平衡盘和平衡环两接触面的一个面上涂上薄薄一层红丹，然后进行对研，根据红丹接触面积大小，判断两接合面接触是否达到要求。一般两者之间接触面积应达75%以上。若是轻微磨损，可在两接触面之间涂细研磨砂进行对研。如果磨损严重，则要上车床进行修复或更换。

平衡盘的工作原理是在多级泵最后一个叶轮后面装一个平衡盘，平衡盘的背面有一空腔室与泵第一级吸入口相连通，如图4-4所示，平衡盘随转子一起旋转，末级叶轮后盖板压力 p_3 通过径向间隙 b_1 之后，压力下降为 p_4，又经轴向间隙 b_0 和 l_0 长的阻力损失，使压力降为 p_5，最后流向泵入口处。由于两侧存在着压力差 p_4-p_6，就有一个向右方向的轴向力作用在平衡盘上，由于该力的大小可由压差 p_4-p_6 和平衡盘的截面积决定，其方向与泵入口方向相反，从而可以达到轴向力的平衡。这种轴向力的结构，能全部平衡叶轮产生的轴向力，所以这种结构的泵，一般可以不用推力轴承。

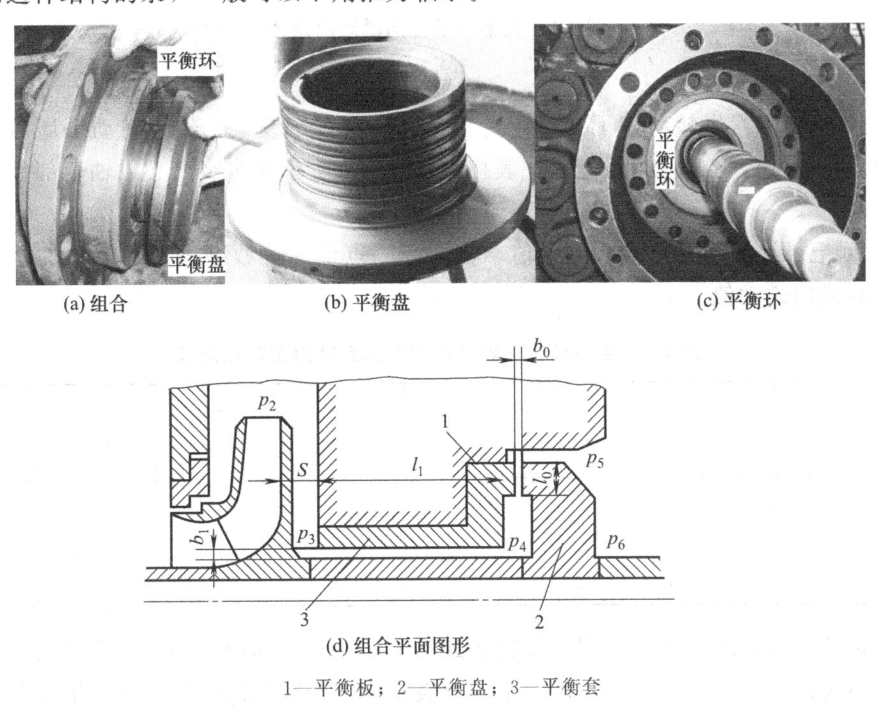

(a) 组合　(b) 平衡盘　(c) 平衡环

(d) 组合平面图形

1—平衡板；2—平衡盘；3—平衡套

图 4-4　平衡盘装置

5. 转子径向和端面圆跳动的测量及处理

多级离心泵转子是由许多零件套装在轴上，并用锁紧螺母固定。由此可知，转子各零件接触端面的误差（各端面不垂直的影响）都集中反映在转子上。如果转子各部位径向跳动值过大，则泵在运转中会比较容易产生摩擦。因此，多级离心泵在总装配前转子部件要进行小装。对小装后的转子要进行径向和端面圆跳动检查以消除超差因素，避免因误差积聚而到总装时造成超差现象。

每一种旋转泵的转子，其各部位的径向圆跳动和端面圆跳动值是不相同的，但测量方法基本相同，其操作如下。

（1）转子径向圆跳动值的测量

① 先将转子放在两个V形铁上，把转子上每个测量部位的圆周分成几等份，例如分为六等份，如图4-5所示。

② 在测量部位上装上百分表，表测量头要垂直于轴线。

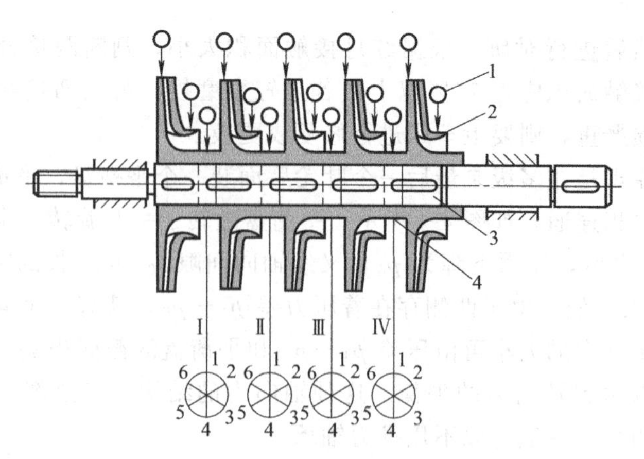

图 4-5 测量转子径向跳动示意图

1—百分表；2—叶轮；3—轴；4—轴套

③ 按同一方向慢慢转动转子，每转过一等份记录一个读数。转子转动一周后，每个测点都得到六个读数，把这些读数记录在表格中，如表 4-1 为某多级离心泵轴套部件各测点径向跳动记录。

④ 根据记录计算各测点最大跳动值，将同一测点最大读数减去最小读数的差值就是该测点部位的径向跳动值。

表 4-1 离心泵转子轴套部位各测点径向跳动记录表 mm

转动位置 / 测点	1 0°	2 60°	3 120°	4 180°	5 240°	6 300°	跳动量
Ⅰ	0.21	0.23	0.22	0.24	0.20	0.19	0.05
Ⅱ	0.32	0.30	0.31	0.33	0.31	0.30	0.03
Ⅲ	0.30	0.28	0.29	0.33	0.35	0.32	0.07
Ⅳ	0.34	0.33	0.33	0.35	0.34	0.35	0.02

(2) 转子端面圆跳动值的检查　叶轮装到轴上测量其端面圆跳动值，主要是确保叶轮端面与轴中心线的垂直度符合要求。用一个百分表垂直指在叶轮的轮盘侧面，把表针调整到零位。盘动叶轮旋转一周，百分表的最大读数与最小读数的差值就是叶轮的端面跳动值。特别要注意，转子转动一周后百分表应复位到零位，否则说明轴有轴向窜动或表头松动，应设法消除。平衡盘端面圆跳动值测量同样是这样操作。

(3) 转子径向跳动和端面跳动超差的处理　转子径向跳动和端面跳动超差会引起转子与定子发生偏磨或轴振动。影响转子径向圆跳动和端面圆跳动超差的原因很多。例如轴本身已弯曲，或转子各零件之间接触面与轴中心线不垂直，压紧轴套后使轴产生新的弯曲，也可能是零件加工精度不够或旋转零件与轴配合过松引起径向圆跳动和端面圆跳动超差。由轴弯曲引起跳动超差的，则应先将轴矫直再组装检查。

由各零件之间接触面与轴中心线不垂直引起跳动超差的，应对转子各组件的接触端面进行研磨修理，其操作方法如下：车一根假轴，轴颈与实际轴颈一样（假如轴与零件配合为过盈配合，可改成间隙配合来测量）；按顺序把第一个叶轮装上假轴，在叶轮轮毂端面与轴肩涂上研磨膏进行研磨；研磨完毕用涂色法检查接触情况，直到合格为止；然后再装上相邻的隔套或第二个叶轮与第一个叶轮轮毂的另一侧端面相研磨；依次把转子各零件的接触端面进行配研，直到合格后，按安装顺序打上标记。

由加工误差引起零件两接触端面不平行的，可用游标卡尺或外径千分尺测量确定。偏差过大可将零件夹在车床上，用芯轴定位，在同一找正情况下加工另一侧端面，使其达到要求。

6. 离心泵壳体止口间隙检查

分段式多级离心泵的两个泵壳之间及单级泵托架和泵体之间都是止口配合的，如果止口间隙过大，会影响泵的转子和定子的同轴度，因此必须进行检查修复。检查两泵壳止口间隙的方法是将相邻两个泵壳叠起，在上面泵壳的上部放置一个磁性百分表座，夹上一个百分表，表头的触点与下泵壳的外圆接触，如图 4-6 所示。随后按图中箭头方向将上泵壳往复推动，百分表上的读数差就是止口之间的间隙。在相隔 90°的位置再测一次。一般止口间隙在 0.04～0.08mm 之间，如间隙大于 0.10～0.12mm 就需要进行修理。单级泵托架和泵体止口的修理与此方法相同。

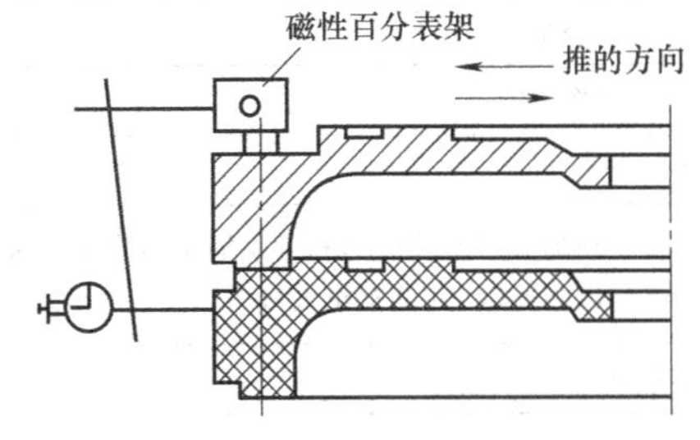

图 4-6　泵壳止口同轴度的检查

《零件的质量检查和测绘》考核项目及评分标准

考核要求	①能够正确地选择和使用各种类别、型号的工具； ②能够选择正确的清洗液； ③能够正确地测量各零部件； ④能够正确地运用、掌握安全操作方法； ⑤充分发挥团队合作意识。			
考核内容	序号	考核内容	分值	得分
考核准备	1	工作着装、环境卫生	5	
	2	工作安全，文明操作	5	
考核知识点	3	正确清洗各零部件	10	
	4	正确测量各零件，并认真记录	10	
	5	转子跳动量的测定	10	
	6	轴的弯曲量的测量	10	
	7	说明平衡盘工作原理	10	
	8	绘制轴、平衡盘零件草图	15	
团队协作	9	团队合作能力	10	
	10	自主操作能力	5	
	11	是否为中心发言人	5	
	12	是否是主操作人	5	
考核结果				
组长签字				
实训教师签字				
任课教师签字				

学习子情境三　多级离心泵常见故障及排除方法

【工作任务单】

学习情境四	多级泵维护与检修
学习子情境三	多级离心泵常见故障及排除方法
小组	
工作时间	4学时
案例引入	
学生现场参观石化公司和学院锅炉房供水多级泵，观察多级泵的运转情况，通过声音，观察，温度测量等方法，确定多级泵的故障原因，并能提出处理方法。	
任务要求	
本学习子情境对学生的要求： ①查找资料，分析可能出现故障的原因； ②准备好参观用的工作服、安全帽和学习工具； ③以小组为单位，统一行动，听从指挥。	
工作任务	
①工作服的准备 提示：按厂里的要求，准备好安全帽和工作服。	
②通过教学资源，了解多级泵可能发生故障的原因。 提示：根据教材、网络和手册进行查阅。	
③每个学生做好参观记录。 提示：对每参观的多级泵的工作环境、工艺条件进行详细记录。	
④各组进行讨论交流。 提示：每小组由中心发言人讲解多级泵可能发生的故障原因及处理办法。	
⑤拆卸学院锅炉房供暖多级泵。 提示：针对多级泵的漏水，进行拆装，查出漏水原因。	

【任务实施】

一、参观现场运行中的多级泵

现场到石化公司进行参观，观察多级泵的运转，如图 4-7 所示。

图 4-7 正在工作的多级离心泵

二、多级离心泵常见故障

多级离心泵常见故障见图 4-8。

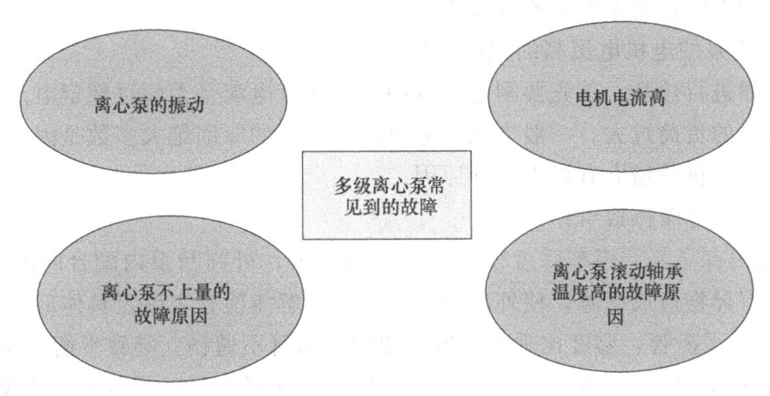

图 4-8 多级离心泵常见故障

三、原因分析及处理办法

多级离心泵在运转过程中常会出现振动、轴承温度高、轴封泄漏等故障。出现这些故障应查明原因，正确地判断设备问题，减少设备问题处理的盲目性，以提高检修工作效率。

1. 多级离心泵的振动原因及处理办法

(1) 可直观判断产生振动的原因

通常，比较直观地判断产生振动的原因主要有以下几方面。

① 系统刚度不够。如果泵的出入口管线明显振动，仔细检查，有可能发现管吊松动或没有管吊。这时要拧紧或加装管吊。

② 泵抽空。当振动时有时无，且在振动时有抽空声；同时压力表、电流表有剧烈的摆动；有时密封还伴有间歇性的泄漏。具备以上症状可断定为泵抽空，有可能是大量空气渗入或介质汽化造成的。处理方法是检查泵入口段是否有漏气点，及时堵漏；如果入口堵塞，要

清除杂物。

③ 基础地脚螺钉松动或泵支腿地脚松动。如果整个泵体的振幅超标，那么就检查基础的地脚螺钉和泵支腿地脚是否松动，或基础没有填实，加以紧固并填实基础。

④ 联轴器存在问题。比如同轴度不好、轴向间距过大或过小、柱销胶圈或弹簧片不合格等。处理方法是调整轴间距和同轴度到标准范围内，更换相应配件。

（2）需解体后发现的故障及原因

① 转子与静止部件有摩擦。当振动时伴有摩擦声音，用手盘车有摩擦感觉，解体后有摩擦的痕迹。这时，可以根据摩擦痕迹来判断引起摩擦的原因，并采用不同的方法进行处理，主要有以下几种情况。

a. 轴弯曲、变形，这时需校直或更换。

b. 隔板下沉。隔板下沉引起隔板衬套与级间套磨损，引起振动。需更换隔板。

c. 装配问题。某些装配的间隙值不符合标准，需更换零件，重新装配。比如，叶轮与轴配合间隙过大、口环和级间套间隙过大、轴承间隙过大等均容易引起振动。

② 叶轮内有异物。当泵振动伴有异音，盘车正常，解体后发现叶轮内有异物。这种情况需及时清理异物。

③ 更换叶轮、转子重新找平衡。对单级单吸离心泵来说，如果叶轮腐蚀、磨损或者叶轮径向跳动超过规定范围，极容易破坏转子的平衡，使泵振动。

④ 轴承跑套或损坏。这种情况在泵运转时，轴承有异音，润滑油变黑，有铁屑，轴承箱温度高。处理方法是更换轴承或轴承箱。

2. 驱动离心泵的电机电流高的原因及处理方法

对此类故障进行诊断，首先要测定电机的实际运行电流是否超过额定电流。如果超过额定电流，说明泵的负荷过大。一般来说，电机电流过高的原因绝大多数是因为电机的外部负荷增大所致。电机负荷增大有以下几种原因。

（1）泵动静部分摩擦或卡住

① 当泵壳内有异音，停车后盘车也会听见摩擦声，可判断泵内配合间隙过小、叶轮背帽脱落或泵内有异物造成摩擦，使外部负荷加大，需解体检查来确定具体部位。

② 用手触摸平衡管，温度比平时要低，说明平衡管不通畅，导致平衡盘摩擦增大。

③ 泵内没有摩擦声音，但盘车时沉重，判断填料压得太紧，或压偏，造成摩擦加大。

④ 对于双支撑泵，当叶轮挡套腐蚀严重，会造成叶轮轴向窜动，与泵壳摩擦，使负荷加大；这种情况能听到泵壳内有摩擦声，有时还会有撞击声，运转状态不稳定。

⑤ 轴承箱有异音，轴承损坏，导致抱轴，泵运转不起来，电机跳闸或轴承间隙小，也会使负荷加大。

那么，针对泵装配不好，动静部分摩擦或卡住的处理方法是对泵重新进行装配。

（2）电机与泵的功率不匹配

① 电机选用功率小于泵轴功率，泵运转电流在电机的额定电流之上，导致电流过高。一般在利用旧泵或旧电机时容易出现此情况。

② 在检修时，由于某种原因，更换的叶轮比原叶轮直径大，导致泵负荷加大。

（3）工艺原因

① 介质黏度过大，导致负荷加大。另外，输送介质黏度较大的泵在冷态启动时也容易出现电流过高的现象。解决这个问题，首先要检查物料组分，使其黏度和相对密度与设计值

相符，由工艺操作人员进行调整。

② 泵启动时出口阀门全开，启动功率增加，导致电流过高。处理方法是将出口阀关闭，泵启动后慢慢开启出口阀门。

3. 离心泵不上量的故障原因及处理方法

离心泵长时间不上量会使泵内液体温度升高，产生振动和噪声，部分液体汽化以及效率降低、能量消耗增加等。比较常见的故障现象是泵运转正常，但无量无压。造成此种故障可能由以下几种原因引起。

(1) 转向错误　如果泵的流量和扬程都低于正常值且电机电流也小于正常值，泵是新安装的或刚刚换过电机，常常发生这种现象。当泵流量不够时，首先要从这一点着手进行排查，注意观察电机转向是否正确，如确实反转，调整电机转向即可。

(2) 泵盖子流道未对上　对于双支撑的泵，且刚刚检修过，试车无量无压，需要检查泵盖子是否上下装反，此现象从外观即可观察出来，如确实如此，解体重装即可。

(3) 管路漏气　入口法兰垫片或法兰螺钉不完好，都可能造成管路漏气而使离心泵流量和压力不足。拧紧螺钉或换垫片即可解决问题。

(4) 叶轮装反　二级叶轮出入口方向装错，可导致无量无压。

(5) 叶轮处轴断裂　泵无量、无压且电机电流减小，泵已运转很长时间，仔细听声音，听不到介质流动的声音，说明叶轮不转，必须解体检查检修，确定轴是否断裂。

(6) 叶轮装配键损坏　此种现象通常发生在运转长时间的泵上，键严重磨损，无法带动叶轮旋转，需更换新零件。

(7) 叶轮口环与泵体口环间隙过大　长周期运转的泵，很可能因为口环间隙过大而造成泵流量降低，但这种量的变化应该不是突然间就变小，而应是一个缓慢的过程，如果该泵运转很长时间未检修过，流量越来越小，但运行还很平稳，很可能是口环磨损造成的，必须解体检查才能发现。解决的办法就是重新更换新的泵体口环和叶轮口环。

(8) 泵壳流道或叶轮流道堵塞　如果装置进行过大修或新装置开车不久，介质、管路比较脏，有可能造成叶轮、泵壳堵塞，流通面积减小使流量降低，必须解体检查清理。

(9) 泵出口扩压器损坏　在小流量、高扬程的泵上，出口扩压器损坏，可明显降低泵的流量和压力，因为转子完好无损，所以不会产生振动，解体检查检修。

(10) 泵选型不对　如果介质的黏度、密度或其他参数与该泵能力不一致，就达不到理想状态，需要考虑泵的选型问题。

4. 离心泵滚动轴承温度高的故障原因及处理方法

(1) 滚动轴承在运转中有异音且温度高　引起的原因有以下几种。

① 轴承存在质量问题。检查轴承需注意轴承外观、滚动体是否转动灵活、轴承各部分尺寸间隙等。

② 轴承跑套。当轴承箱温度高且有异音，振幅时大、时小，振动周期不定，解体检查发现轴承外圈的外圆面有磨损痕迹，并且间隙过大，说明轴承已经跑套，可用胶粘、补焊、镶套的方法修复。跑套严重，不能用上述方法修复需更换。

③ 轴承磨损严重或已损坏。轴承运转响声很大，并且温度高、振幅大，需更换轴承。

④ 轴向力过大。对于悬臂泵，靠近泵头的轴承部位温度过高，且解体检查发现靠泵头端轴承滚道及滚动体出现麻面，润滑油里面有金属粉末，油质变黑，而另一端轴承完好无损，可能是泵的轴向力过大，轴承经常温度过高，导致轴承损坏。如果是双支承泵，定位轴

承位置温度过高，且振动大，响声也很大，此时，尽管径向轴承、温度、响声、振动均正常，也是由于轴向力过大导致的轴承温度过高，经解体检查会发现两个向心推力轴承的一个磨损较严重，滚道及滚动体有麻坑。处理方法是平衡轴向力。

⑤ 轴承轴向定位问题。泵运转时，温度高而振动不大，可能是轴承轴向间隙过大。停车后，用工具轻轻敲击联轴器靠背轮发现有明显的轴向窜动。需重新调整间隙。

（2）滚动轴承运转时，无异音，但温度高

① 润滑油过多、过少或油质不好。用手触摸前后轴承温度同时高，需调节润滑油。

② 冷却水存在问题。冷却水温度过高，可能是冷却水没开或堵塞、不足，需疏通或调节冷却水。

③ 轴承装配间隙小或是压盖间隙小。此时盘车比较费力，说明应重新调整间隙。

④ 振动问题。因振动大而造成轴承温度高，首先要解决振动问题，消除振动。

⑤ 转子中心与轴承箱内孔、大盖子不同心（轴承箱或泵大盖子变形）。对于以上原因都检查过仍无法解决的，可视为轴承箱或泵大盖偏造成轴承前后不同轴。使轴承负荷增大，磨损加剧，温度过高，此情况只能上车床找正。

⑥ 泵轴弯曲。轴承受力不均匀，也导致轴承温度高。处理方法是校直泵轴。

《多级离心泵常见故障及排除方法》考核项目及评分标准

考核要求	①能够具有较好的观察能力； ②对参观的设备能进行详细的记录； ③根据不同的现象分析故障的原因； ④能提出各种故障要解决的方案； ⑤充分发挥团队合作意识。			
考核内容	序号	考核内容	分值	得分
考核准备	1	工作着装、环境卫生	5	
	2	工作安全，文明操作	5	
考核知识点	3	说明常见多级泵的故障	10	
	4	多级泵的操作规程	10	
	5	分析多级泵振动的原因及解决办法	10	
	6	电机发热的原因及处理办法，轴承发热的原因及解决办法	10	
	7	泵不出水的原因及解决办法	10	
	8	现场解决泵的泄漏问题	15	
团队协作	9	团队合作能力	10	
	10	自主操作能力	5	
	11	是否为中心发言人	5	
	12	是否是主操作人	5	
考核结果				
组长签字				
实训教师签字				
任课教师签字				

学习子情境四　多级泵的回装与试车

【工作任务单】

学习情境四	多级泵维护与检修
学习子情境四	多级泵的回装与试车
小组	
工作时间	4学时
案例引入	
检修车间有一台已经拆卸解体的多级离心泵，经过零件的清洗和检查后，进行装配，装配好的多级泵安装到装置上，经过试车后正常使用。	
任务要求	
本学习子情境对学生的要求： ①课前做好预习，了解多级泵安装时的注意事项； ②确定装配方案、准备好装配所用的工具和量具； ③确定多级泵试车操作方案； ④小组之间独立完成任务，注意文明操作。	
工作任务	
①检查各零件是否完整齐全，并准备好所需要的工具。 提示：工具和量具应齐全。	
②确定多级离心泵的安装方案。 提示：根据学生的预习情况，以小组为单位，讲解各组的安装方案，经讨论得出最佳方案。	
③以小组为单位进行安装。 提示：小组成员分工要明确，按安装方案文明操作，安装时垫片应现场剪制，注意制作方法。	
④确定多级离心泵的试车方案。 提示：对于装配好的离心泵，安装到原装置上后，制订多级泵的试车方案。	
⑤多级离心泵试车。 提示：以小组为单位进行试车操作。	

【任务实施】

装配过程如下。

① 制作各段间的密封垫，如图 4-9 所示。

(a) 涂上某段上黄油

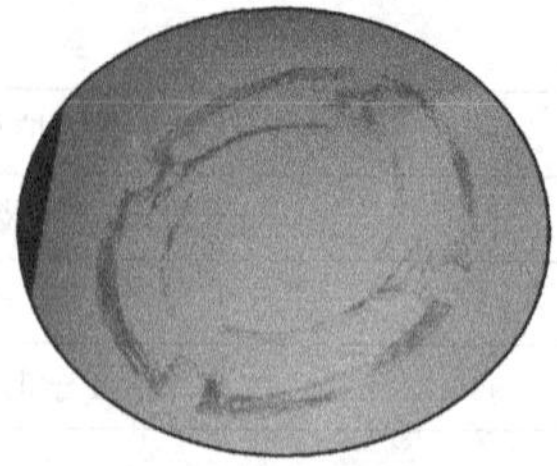
(b) 将垫在泵段上印上图形

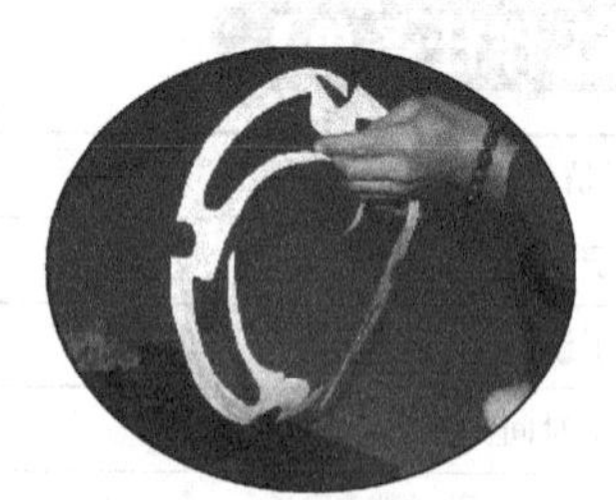
(c) 剪密封垫

图 4-9 制作垫片

② 回装过程，如图 4-10 所示。

(a) 平衡盘一端泵盖就位放稳

(b) 将装好键、轴套和平衡盘的轴装入

(c) 各段安装叶轮和轴套

(d) 各段间安装垫片

(e) 安装最后一级叶轮和轴套

(f) 安装末端泵盖

(g) 扭紧四根拉杆螺栓

(h) 安装末端填料密封

图 4-10

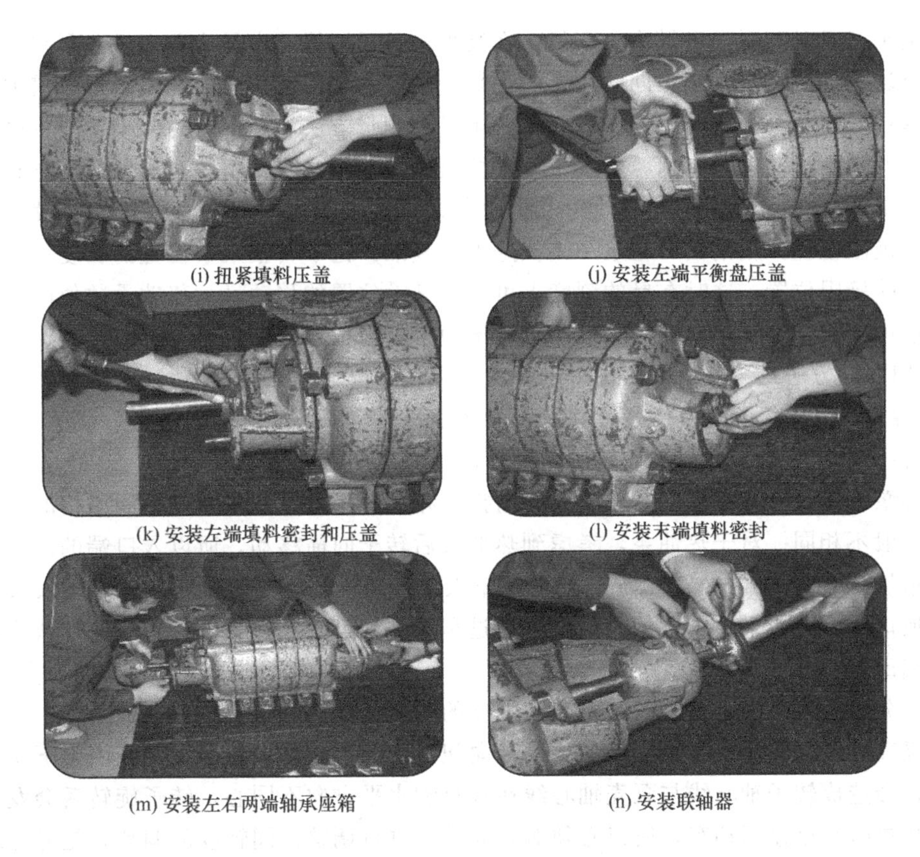

(i) 扭紧填料压盖　(j) 安装左端平衡盘压盖

(k) 安装左端填料密封和压盖　(l) 安装末端填料密封

(m) 安装左右两端轴承座箱　(n) 安装联轴器

图 4-10 多级泵的回装过程

【知识链接】

知识点一 分段式多级离心泵装配质量要求

一、各段泵壳的组装

分段式多级泵各段泵壳在装配前应消除止口毛刺。装配时各段之间的结合面密封应根据泵制造厂使用说明书要求进行密封。如果说明书没有要求的，为防止渗漏，可在结合面上涂上密封胶。涂密封胶时，不用整个密封面都涂上，只要沿密封面涂上一周不断路的窄带形密封胶即可。为防止改变整台泵的轴向尺寸，密封胶层不能太厚。

分段式多级离心泵的前段、中段和后段，是依靠拉紧螺栓的紧力使各段之间轴向密封面紧密贴合，来实现固定和密封的。有的制造厂在说明书中给出了拉紧螺栓的紧力值，组装时可方便地按规定值上紧螺栓即可。

分段式多级离心泵的装配重点，是转子的轴向定心，它是保证工作轮与导流器对中和平衡盘与平衡环标准平均间隙的关键环节。一般有平衡盘的泵，转子每边的标准轴向间隙为±0.2mm，即两边总共为0.4～0.5mm。由于泵各段中的同名零件较多且外形相似，而各段的壳体、叶轮、轴套和密封环的大小及规定的轴向尺寸偏差有所不同，所以在拆卸时都必须将所有零部件加以编号，并将每个零件的轴向尺寸记录下来，以便装修。

二、窜量的测量和调整

离心泵的窜量是指转子与定子之间的轴向间隙。离心泵的窜量有总窜量和单窜量之分。

在没有装平衡盘时测得的窜量为总窜量，在装平衡盘后测得的窜量为单窜量。泵在总装时不仅要检查转子的总窜量大小，同时还要确保转子轴向对中，也就是使叶轮出口流道中心线与导叶流道中心线重合。不同结构的离心泵其窜量的测量方法和允许值的大小各不一样。下面介绍泵轴两端由滑动轴承支承，转子带有平衡盘的多级离心泵在组装时窜量的测量和调整。

① 装前段、前轴套、第一级叶轮及中间段；上紧大螺栓固定进水段及中间段；将转子推向一端极限位置，用钢板尺在泵一端找好测量基准，记下转轴某一位置的长度；再将转子推向另一端极限位置，这时在尺的刻度上可读出某一位置的移动量，移动量数值即为所测的窜量，也可用百分表在进口端的轴端测量转子两个极限位置移动量。

② 用同样方法每装配一段测量窜量一次，并作好记录。

③ 装完最后一级叶轮及后段，并上紧大螺栓，测量窜量，这就是泵的总窜量。

④ 装完平衡盘后，同样推动转子测窜量，所测窜量为泵的单窜量。

离心泵窜量过小容易引起叶轮与泵壳磨损，相反则降低泵的效率。不同结构的泵其窜量允许值一般不相同。对于热油泵，考虑到热伸长后转子向前移动，所以入口端的窜量要比出口端的窜量大 0.5～1mm。离心泵每段总窜量太小可以车短口环的长度，总窜量太大可以补焊或更换口环。离心泵单窜量的调整可以通过车短平衡盘轮或在平衡盘轮毂前加减垫片来调整出口端窜量。

三、分段式多级离心泵转子与泵壳同轴度的测量调整

多级离心泵的转子和泵壳之间各处的径向间隙应相等，如果转子在泵壳内上下左右间隙不相等，会造成转子轴心线与泵壳轴心线在垂直和水平方向不同心，转子旋转后会发生动静摩擦，严重时甚至盘不动车，所以必须对其同轴度进行调整。同轴度的调整，是通过对泵两端瓦座的三只调整螺钉的调节来达到要求。其操作方法如下。

① 先卸开泵两端的上、下轴瓦，使转子自由落下处于泵壳的最底部，这时转子与泵壳下部的间隙为零。

② 在泵前、后轴瓦部位装上百分表，表头垂直指在轴的最上部，把表调回零，然后轻轻地同时抬起转子的两端，直到抬不动为止，记录百分表读数，这时百分表上的读数是在没有装下瓦时的读数。

③ 将泵两端下瓦装上，重新将百分表表头指在原来的位置上，还是轻轻地同时抬起转子的两端，直到抬不动为止，检查百分表的读数，如果读数为在没有装下瓦时的读数的一半，则说明转子与泵壳同轴度在上下方向的调整工作完成，如果不是一半，可通过调整轴瓦两端的三只调节螺钉来达到要求。

④ 左右方向的调整，可根据轴到两边瓦座口的距离来判断，其调整方法参照上下方向调整方法。

上下同心与左右同心要同时进行调节，比较困难。因为当调节完其中一项后再调节第二项时，前者已调节好的数据可能遭到破坏，所以两者要反复调节，直至转子与泵壳同心为止。

因泵在运行时轴瓦内润滑油会形成油楔将转子向上托起，所以在调节上下方向同心时，往往有意识地将转子中心定在偏离泵壳中心下方的 0.03～0.05mm 处。

知识点二　分段式多级离心泵的试车

一、试车前的检查及准备

① 检查检修记录，检修质量应符合检修规程要求，确认检修记录齐全、数据正确。

② 检查润滑情况，若不符合要求，及时更换或加注。

③ 冷却水系统应畅通无阻。

④ 盘车无轻重不均的感觉，无杂音，填料压盖不歪斜。

⑤ 热油泵启动前一定要暖泵，预热升温速度不高于每小时 50℃。

二、负荷试车

1. 空负荷试车

泵的各项性能指标符合技术要求，可进行负荷试车，负荷试车步骤如下。

① 盘车并开冷却水。

② 灌泵。

③ 启动电动机。注意观察泵的出口压力、电动机电流及运转情况。

④ 缓慢打开泵的出口阀，直到正常流量。

⑤ 用调节阀或泵出口阀调节流量和压力。

2. 负荷试车

负荷试车应符合的要求如下。

① 运转平稳无杂音，润滑冷却系统工作正常。

② 流量、压力平稳，达到铭牌能力或查定能力。

③ 在额定的扬程、流量下，电动机电流不超过额定值。

④ 各部位温度正常。

⑤ 轴承振动振幅：工作转速在 1500r/min 以下，应小于 0.09mm；工作转速在 3000r/min 以下，应小于 0.06mm。

⑥ 各接合部位及附属管线无泄漏。

⑦ 轴封漏损应不高于下列标准。填料密封：一般液体，每分钟 20 滴；重油，每分钟 10 滴。机械密封：一般液体，每分钟 10 滴；重油，每分钟 5 滴。

3. 验收

检修质量符合规程要求，检修记录准确齐全，试车正常，可按规定办理验收手续，移交生产。

《多级泵的回装与试车》考核项目及评分标准

考核要求	①能够正确使用各种安装工具和量具； ②能制订正确的回装方案； ③能制作各段间垫片； ④提出多级泵的试车方案； ⑤充分发挥团队合作意识。			
考核内容	序号	考核内容	分值	得分
考核准备	1	工作着装、环境卫生	5	
	2	工作安全，文明操作	5	
操作步骤	3	确定回装方案	10	
	4	垫片的制作	10	
	5	回装时的正确操作	10	
	6	填料密封的安装	10	
	7	泵不出水的原因及解决办法	10	
	8	多级泵的试车方案确定及试车操作	15	

续表

考核内容	序号	考核内容	分值	得分
团队协作	9	团队合作能力	10	
	10	自主操作能力	5	
	11	是否为中心发言人	5	
	12	是否是主操作人	5	
考核结果				
组长签字				
实训教师签字				
任课教师签字				

学习情境五

特殊泵维护与检修

【情境导入】 在石油化工企业中由于输送介质的特殊性和生产工艺上的需要，普通的离心泵满足不了使用要求，如输送小流量、高扬程、高黏度的液体，输送量不大，具有润滑性的液体，输送的介质无外泄漏等，本学习情境以齿轮泵、螺杆泵、往复泵、屏蔽泵和旋涡泵为载体来说明特殊泵的维护与检修。

【学习任务单】

<table>
<tr><td>学习领域</td><td>泵维护与检修</td><td>学时</td></tr>
<tr><td>学习情境五</td><td>特殊泵维护与检修</td><td>12</td></tr>
<tr><td>学习目标</td><td colspan="2">1. 知识目标
①了解特殊用途的泵在日常生活和石油化工企业中的应用；
②了解特殊用途泵的结构、工作原理；
③掌握特殊用途泵维护和检修规程。
2. 能力目标
①能熟练拆装各种形式的特殊用途泵；
②能判断特殊用途泵的故障原因。
3. 素质目标
①培养学生安全操作意识；
②培养学生在特殊泵的检修过程中团队协作意识。</td></tr>
<tr><td colspan="3">1. 任务描述
通过对齿轮泵、螺杆泵、往复泵、屏蔽泵和旋涡泵的拆装，掌握特殊用途的泵结构、工作原理和应用，能判断特殊用途常见的故障及处理办法。
2. 任务实施
①学生分组，每小组8～10人；
②小组按工作任务单进行分析和资料学习；
③小组讨论确定工作方案；
④现场进行拆装和测绘；
⑤检查总结。
3. 相关资源
①教材；②教学视频；③教学课件；④拆装实训室。
4. 拓展任务
其他特殊用途泵的应用。
5. 教学要求
①认真进行课前预习，充分利用教学资源；
②充分发挥团队合作精神，制订合理的工作方案；
③团队之间相互学习，相互借鉴，提高学习效率。</td></tr>
</table>

学习子情境一　齿轮泵、螺杆泵维护与检修

【工作任务单】

<table>
<tr><td>学习情境五</td><td>特殊泵维护与检修</td></tr>
<tr><td>学习情境一</td><td>齿轮泵、螺杆泵维护与检修</td></tr>
<tr><td>小组</td><td></td></tr>
<tr><td>工作时间</td><td>4学时</td></tr>
<tr><td colspan="2">案例引入</td></tr>
<tr><td colspan="2">对实训室内L型活塞压缩机曲轴端部为压缩机提供润滑齿轮泵进行拆装，了解齿轮泵的结构、工作原理和各零部件的装配关系。对实训室内的单螺杆泵进行拆装，了解螺杆泵的结构、工作原理和各零部件的装配关系。</td></tr>
<tr><td colspan="2">任务要求</td></tr>
<tr><td colspan="2">本学习子情境对学生的要求：
①课前通过各种教学资源，对齿轮泵和螺杆泵的结构和工作原理有一初步的了解；
②了解齿轮泵和螺杆泵在企业中的应用；
③掌握特殊用途泵的维护与检修规程；
④提高安全意识，一切行动听指挥。</td></tr>
<tr><td colspan="2">工作任务</td></tr>
<tr><td colspan="2">①准备好拆装所需要的工具和量具。
提示：在充分了解泵的结构特点后，有目的地准备拆装所用的工具和量具。</td></tr>
<tr><td colspan="2">②确定齿轮泵和螺杆泵的拆卸方案，并进行拆卸。
提示：通过教学资源，每个小组共同研究确定拆装方案。</td></tr>
<tr><td colspan="2">③对拆卸下来的零件进行测绘并绘制转动零件的草图。
提示：掌握齿轮和轴类零件的测绘和绘制方法。</td></tr>
<tr><td colspan="2">④确定齿轮泵和螺杆泵的装配方案。
提示：充分考虑配合部分的要求，静密封垫的制作，涂抹润滑油等。</td></tr>
<tr><td colspan="2">⑤螺杆泵的联轴器找正。
提示：根据前面所学的联轴器找正方法，能熟练对联轴器进行找正。</td></tr>
</table>

【任务实施】

一、齿轮泵的工作原理

1. 齿轮泵的结构原理

齿轮泵主要由泵体、主动齿轮、从动齿轮、轴承、前后盖板、传动轴及安全阀组成。齿轮泵是依靠齿轮啮合空间的容积变化来输送液体的。图 5-1 所示齿轮泵具有一对互相啮合的齿轮，齿轮（主动轮）固定在主动轴上，齿轮泵的轴一端伸出壳外由原动机驱动，齿轮泵的另一个齿轮（从动轮）装在另一个轴上。在齿轮泵工作时，主动轮随电机一起旋转并带动从动轮跟着旋转。当吸入室一侧的啮合齿逐渐分开时，吸入室容积增大，形成低压，便将吸入管中的液体吸入泵内。进入泵体内的液体分成两路，在齿轮与泵壳间的空隙中分别被主、从动齿轮推送到排出室。主动齿轮和从动齿轮不断旋转，泵就能连续吸入和排出液体。为了防止泵在出口阀关闭或管路堵塞时造成泵的损坏，在齿轮泵的出口侧设有弹簧式安全阀。当泵内压力超过规定值时，安全阀自动开启，高压液体泄回吸入侧。

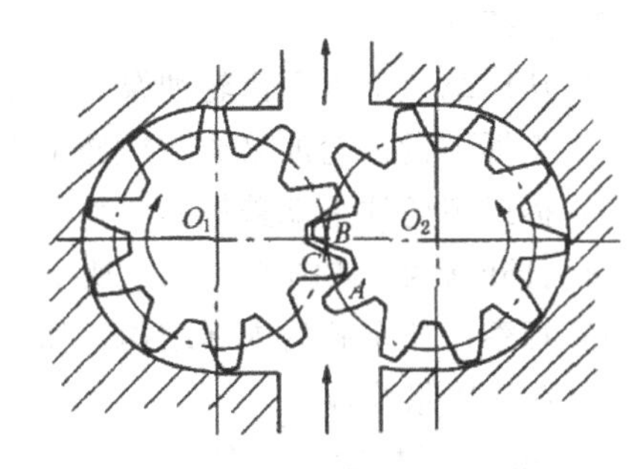

图 5-1　齿轮泵工作原理图

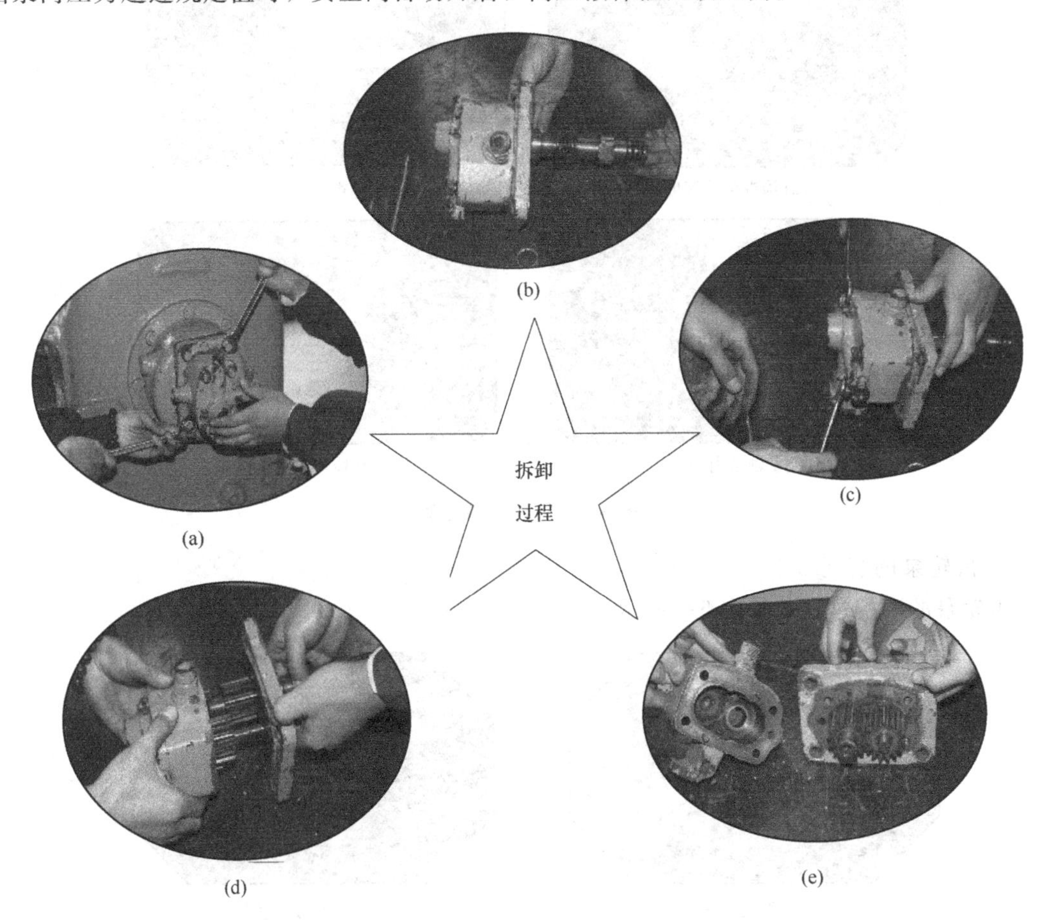

图 5-2　齿轮油泵的拆卸过程

2. 齿轮泵的主要特点

齿轮泵的特点是具有自吸性，流量与排出压力无关；结构简单紧凑、流量均匀、工作可靠；体积小、重量轻、造价低，维护保养方便；流量小，压力高，用于输送黏稠液体。

其缺点是制造精度要求高，不宜输送黏性低的液体，如水、汽油和不宜输送含有固体颗粒的液体，在运转中流量和压力有脉动以及效率低、振动大、噪声较大和易磨损的缺点。

二、齿轮泵的拆装

下面以实训室内 L 型活塞压缩机曲轴端部为压缩机提供润滑齿轮泵为例进行拆装。

1. 拆卸过程

① 从压缩机上拆下齿轮油泵，如图 5-2（a）所示。

② 将拆下的齿轮油泵放在检修工作室，如图 5-2（b）所示。

③ 拆卸齿轮油泵端盖螺栓，如图 5-2（c）所示。

④ 打开端盖，如图 5-2（d）所示。

⑤ 观察齿轮泵腔的内部结构，如图 5-2（e）所示。

2. 零件质量检验

零件的质量检验，如图 5-3 所示。

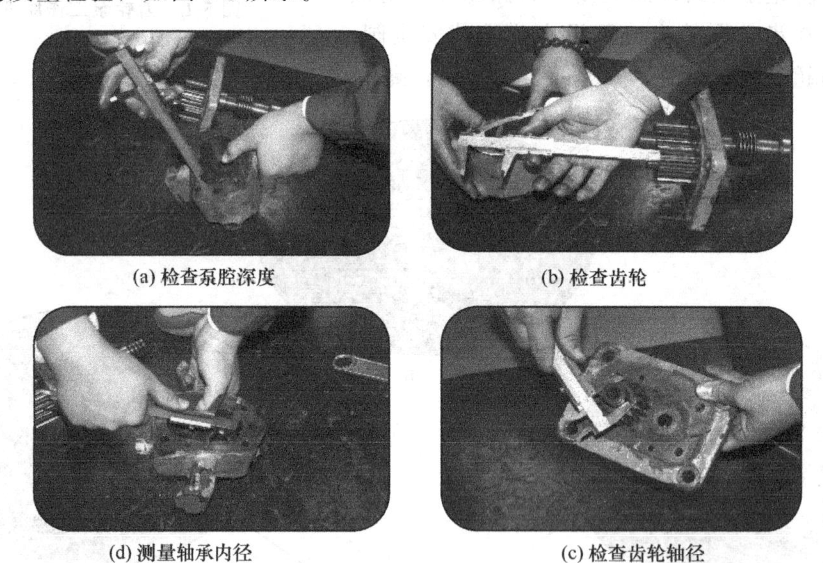

(a) 检查泵腔深度　(b) 检查齿轮

(d) 测量轴承内径　(c) 检查齿轮轴径

图 5-3　零件质量检验

3. 齿轮泵的装配

齿轮泵的装配过程，如图 5-4 所示。

(a) 安装定位销

(b) 安装齿轮

图 5-4

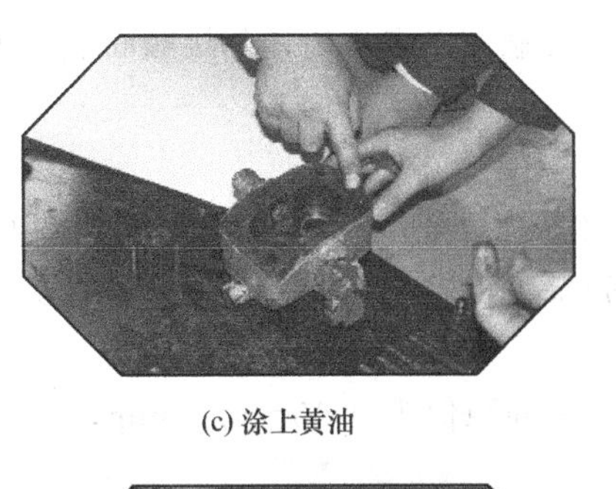
(c) 涂上黄油

(d) 制作垫片

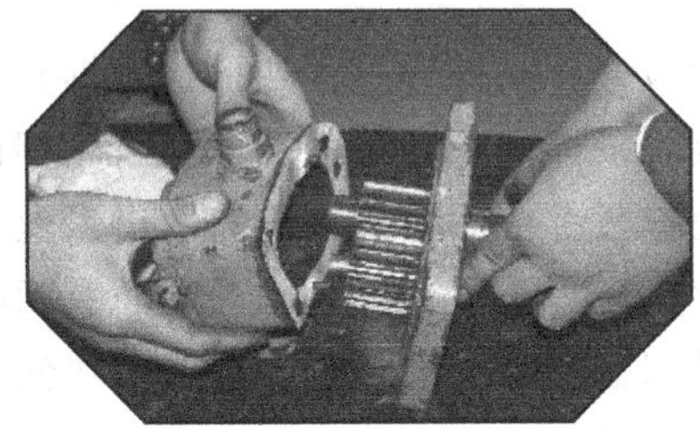
(e) 整体安装

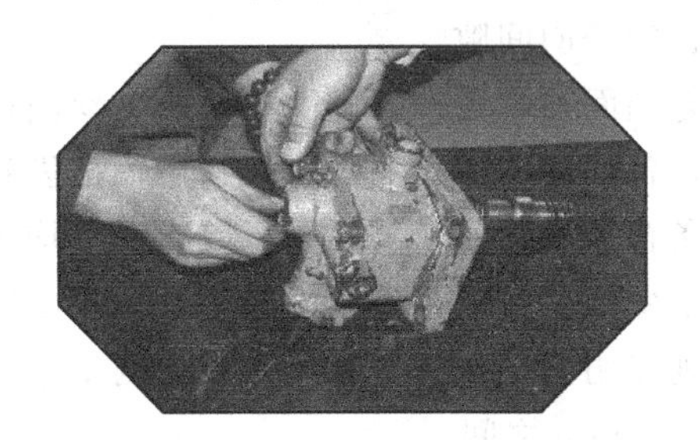
(f) 紧固端盖螺母

图 5-4　齿轮泵的装配过程

【知识链接】

知识点一　零部件配合间隙的检查及组装调整

齿轮泵在解体过程中或零部件拆卸下来经清洗干净后，应按泵使用维护说明书要求进行检查、测量、组装。无要求情况下，对输送温度低于60℃油品的齿轮泵可按《齿轮泵维护检修规程》（SHS 01017—2004）的标准进行检查、测量、组装。其检修主要包括以下几方面内容。

一、壳体的检查

壳体两端面粗糙度为 $Ra3.2$；两孔轴心线平行度和对两端垂直度公差值不低于IT6级；壳体内孔圆柱度公差值为0.02～0.03mm/100mm。

二、齿轮的检查

齿轮与轴的配合为H7/m6；齿轮两端面与轴孔中心线或齿轮两端面与轴中心线垂直度为0.02mm/100mm；两齿轮宽度一致，单个齿轮宽度误差不得超过0.05mm/100mm，两齿轮轴线平行度值为0.02mm/100mm；齿轮啮合顶间隙、侧间隙可用压铅法测量，其操作方法可参考变速机齿轮啮合顶间隙、侧间隙的测量方法。齿轮啮合顶间隙为（0.2～0.3）m（m 为模数）；侧间隙应符合表5-1的规定。

表 5-1　齿轮啮合侧间隙标准　mm

中心距	≤50	51～80	81～120	120～200
齿轮啮合侧间隙	0.085	0.105	0.13	0.17

齿轮啮合接触应符合规范，用着色法检查齿轮啮合面的接触情况，其检查方法如下：先清洗干净两传动齿轮、轴承、泵壳体等部件后用干布抹干两齿轮啮合面，在小齿轮的啮合面上涂上一层薄薄红丹油，回装两齿轮及端盖，按工作转动方向慢慢转动齿轮泵数圈后，拆卸

泵端盖取出两齿轮轴，检查接触斑点。齿轮啮合接触斑点应均匀，其接触面积沿齿长不小于70%，沿齿高不少于50%。

三、齿轮与壳体及齿轮与泵盖间隙调整

齿顶与壳体壁及齿轮端面与端盖之间的间隙应符合规范。间隙过大其液体内泄漏变大；间隙过小则齿轮在转动时，齿轮的齿顶与泵体壳壁、齿轮端面和泵盖端面可能发生磨损。因此，检修时必须检查这两方面的间隙。

齿轮与壳体的径向间隙可用塞尺进行检查，其间隙值为0.15～0.25mm，但必须大于轴颈在轴瓦的径向间隙。

齿轮端面与端盖轴向间隙可用压铅丝法进行检查，其操作过程如下：先拆开端盖清洗各零部件，各部件表面无油污、杂物后，把齿轮装入泵体内，在泵盖端面和齿轮端面分别对称摆放四条合适的铅丝，装回泵压盖，对称均匀地拧紧螺栓后，拆开压盖取出铅丝量取各铅丝厚度。如果齿轮端面铅丝厚度减去泵盖端面铅丝厚度为正值，则表明两端面有间隙；结果为负值，则表明两端面有过盈量。根据测量结果对端盖垫片厚度进行加垫或减垫使端面间隙在0.10～0.15mm之间。

四、轴与轴承检查及装配

在一般情况下，齿轮泵轴颈不得有伤痕，粗糙度要达$Ra1.6\mu m$，轴颈圆柱度公差值为0.01mm；齿轮泵在使用一段时间后，轴颈最大磨损不得大于0.01D（D为轴颈直径）。

齿轮泵轴承一般用滚动轴承和滑动轴承两种，而滑动轴承多为铜套形式。采用滚动轴承的齿轮泵其轴承内圈与轴的配合为H7/js6；滚针轴承无内圈时，轴与滚针的配合为H7/h6；滚针轴承外圈与端盖的配合为K7/h6，采用滑动轴承的齿轮泵其轴承内孔与外圆的同轴度公差值为0.01 mm；滑动轴承外圆与端盖配合为R7/h6；滑动轴承与轴颈的配合间隙（经验值）应符合表5-2规定值。

表5-2　滑动轴承与轴颈配合间隙　　mm

转速/(r/min)	1500以下	1500～3000	3000以上
间隙	1.2/1000D	1.5/1000D	2/1000D

齿轮泵轴承磨损超规范后应进行更换，滚动轴承组装方法与离心泵滚动轴承组装方法相同。用铜套作轴承的齿轮泵，在更换铜套时，首先应检查铜套和端盖的配合的情况。在符合要求后，将铜套外圆涂上润滑油，用压力机将其压入泵端盖体内，最后应在轴承与端盖接口处钻孔攻螺纹用螺钉将其固定，以防铜套转动或轴向窜动。

铜套装配后必须再检查轴颈与铜套的配合间隙，若配合间隙太小时，应以轴颈为准，刮研铜套，直到符合要求为止。相反，若间隙太大则要重新更换铜套。

知识点二　齿轮泵的常见故障及处理方法

齿轮泵的常见故障及处理方法如表5-3所示。

表5-3　齿轮泵的常见故障及处理方法

故障现象	原　因	处理方法
泵不吸油	①吸入管路堵塞或漏气 ②吸入高度超过允许吸入真空高度 ③电动机反转 ④介质黏度过大	①检修吸入管路 ②降低吸入高度 ③改变电机转向 ④将介质加温

续表

故障现象	原　　因	处 理 方 法
压力表指针波动大	①吸入管路漏气 ②安全阀没有调好或工作压力过大使安全阀时开时闭	①检修吸入管路 ②调整安全阀或降低工作压力
流量下降	①吸入管路堵塞或漏气 ②齿轮与泵内严重磨损 ③安全阀弹簧太松或阀瓣与阀座接触不严 ④电动机转速不够	①检修吸入管路 ②磨损严重时应更换零件 ③调整弹簧、研磨阀瓣与阀座 ④修理或更换电动机
轴功率急剧增大	①排出管路堵塞 ②齿轮与泵套严重摩擦 ③介质黏度太大	①停泵清洗管路 ②检修或更换有关零件 ③将介质升温
泵振动大	①泵与电动机同轴度超差 ②齿轮与泵同轴度超差或间隙大 ③泵内有气 ④安装高度过大，泵内产生汽蚀	①调整同轴度 ②检修调整 ③检修吸入管路，排除漏气部位 ④降低安装高度或降低转速
泵发热	①泵内严重摩擦 ②机械密封回油孔堵塞 ③油温过高	①检查调整螺杆和泵套 ②疏通回油孔 ③适当降低油温

知识点三　螺杆泵的维护与检修

螺杆泵属于容积泵的一种，根据螺杆数目可分为单螺杆泵、双螺杆泵、三螺杆泵和五螺杆泵等几种，它们的工作原理基本相似，区别在于螺杆数目、螺杆的几何形状和输送介质有所不同。

一、螺杆泵的工作原理与结构

螺杆泵如图 5-5 所示。螺杆泵是靠相互啮合的螺杆作旋转运动来吸排液体的。由于各螺杆的相互啮合以及螺杆与衬筒内壁的紧密配合，在泵的吸入口和排出口之间，就会被分隔成一个或多个密封空间。随着螺杆的转动和啮合，这些密封空间在泵的吸入端不断形成，将吸入室中的液体封入其中，并自吸入室沿螺杆轴向连续地推移至排出端，将封闭在各空间中的液体不断排出，犹如一螺母在螺纹回转时被不断向前推进的情形那样，图 5-6 为双螺杆泵的结构。

图 5-5　螺杆泵

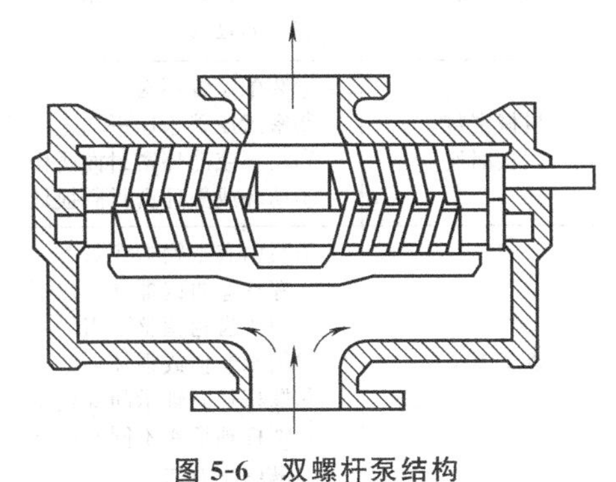

图 5-6　双螺杆泵结构

二、螺杆泵的特点

和其他泵相比，螺杆泵有许多优点：螺杆泵损失小，经济性能好；压力高而均匀，流量均匀，转速高，能与原动机直连；螺杆泵可以输送润滑油，输送燃油，输送各种油类及高分子聚合物，用于输送黏稠体。

① 压力和流量稳定，脉动极小。介质在泵内作连续而均匀的直线流动，无搅拌现象。

② 有自吸能力，不需要底阀或抽真空的附属设备。

③ 工作平稳，噪声低。

④ 相互啮合的螺杆磨损甚少，效率高，寿命长。

⑤ 结构简单、紧凑，体积小，拆装方便。

螺杆泵的缺点：螺杆齿型复杂，加工精度要求高。

三、螺杆泵常见故障和排除

螺杆泵常见故障和排除见表5-4。

表5-4　螺杆泵的常见故障及排除

故障现象	原　　因	处理方法
泵不吸油	①吸入管路堵塞或漏气 ②吸入高度超过允许吸入真空高度 ③电动机反转 ④介质黏度过大	①检修吸入管路 ②降低吸入高度 ③改变电机转向 ④将介质加温
压力表指针波动大	①吸入管路漏气 ②安全阀未调好，使安全阀时开时闭 ③工作压力过大，使安全阀时开时闭	①检修吸入管路 ②调整安全阀 ③调整工作压力
流量下降	①吸入压头不够 ②吸入管路堵塞或漏气 ③螺杆与泵套磨损 ④安全阀弹簧太松或阀瓣与阀座接触不严 ⑤电动机转速不够	①增高液面 ②检修吸入管路，进行堵漏，除漏 ③磨损严重时应更换零件 ④调整弹簧、研磨阀瓣与阀座 ⑤修理或更换电动机
轴功率急剧增大	①排出管路堵塞 ②螺杆与泵套严重摩擦 ③介质黏度太大	①停泵清洗管路 ②检修或更换有关零件 ③将介质升温
泵振动大	①泵与电动机同轴度超差 ②螺杆与泵套同轴度超差或间隙大 ③泵内有气体 ④安装高度过大，泵内产生汽蚀	①调整同轴度 ②检修调整 ③检修吸入管路，排除漏气部位 ④降低安装高度
泵发热	①泵内严重摩擦 ②机械密封回油孔堵塞 ③油温过高	①检查调整螺杆和泵套 ②疏通回油孔 ③适当降低油温
机械密封大量漏油	①装配位置不对 ②密封压盖未压平 ③动环或静环密封面碰伤 ④动环或静环密封圈损坏	①重新按要求安装 ②调整密封压盖 ③研磨密封面或更换新件 ④更换密封圈
盘车不动	①泵内有杂物卡住 ②螺杆弯曲或螺杆定位不良 ③同步齿轮调整不当 ④轴承磨损或损坏 ⑤螺杆径向轴承间隙过小 ⑥螺杆轴承座不同心而产生偏磨 ⑦泵内压力大	①解体清理杂物 ②调直螺杆或进行螺杆定位调整 ③重新调整 ④更换或调整轴承 ⑤调整间隙 ⑥解体，检修 ⑦打开出口阀

四、螺杆泵的检修内容及质量标准

见《螺杆泵维护检修规程》（SHS 01016—2004）。

《齿轮泵、螺杆泵维护与检修》考核项目及评分标准

<table>
<tr><td>考核要求</td><td colspan="4">①能够正确使用各种拆装工具。
②通过课前预习了解齿轮泵和螺杆泵相关知识。
③能够清楚了解这两种泵的应用场合。
④团队合作，文明操作。</td></tr>
<tr><td>考核内容</td><td>序号</td><td>考核内容</td><td>分值</td><td>得分</td></tr>
<tr><td rowspan="2">考核准备</td><td>1</td><td>工作着装、环境卫生</td><td>5</td><td></td></tr>
<tr><td>2</td><td>工作安全，文明操作</td><td>5</td><td></td></tr>
<tr><td rowspan="6">考核知识点</td><td>3</td><td>齿轮泵的工作原理和结构</td><td>10</td><td></td></tr>
<tr><td>4</td><td>螺杆泵的工作原理和结构</td><td>10</td><td></td></tr>
<tr><td>5</td><td>齿轮泵的拆装方案和过程</td><td>15</td><td></td></tr>
<tr><td>6</td><td>螺杆泵的拆装方案和过程</td><td>10</td><td></td></tr>
<tr><td>7</td><td>齿轮泵常出现的故障及处理</td><td>10</td><td></td></tr>
<tr><td>8</td><td>螺杆泵常出现的故障及处理</td><td>10</td><td></td></tr>
<tr><td rowspan="4">团队协作</td><td>9</td><td>团队合作能力</td><td>10</td><td></td></tr>
<tr><td>10</td><td>自主操作能力</td><td>5</td><td></td></tr>
<tr><td>11</td><td>是否为中心发言人</td><td>5</td><td></td></tr>
<tr><td>12</td><td>是否是主操作人</td><td>5</td><td></td></tr>
<tr><td>考核结果</td><td colspan="4"></td></tr>
<tr><td>组长签字</td><td colspan="4"></td></tr>
<tr><td>实训教师签字</td><td colspan="4"></td></tr>
<tr><td>任课教师签字</td><td colspan="4"></td></tr>
</table>

学习子情境二 往复泵维护与检修

学习情境五	特殊泵维护与检修
学习子情境二	往复泵维护与检修
小组	
工作时间	4学时
案例引入	
对实训室内柱塞式往复泵、蒸汽式往复泵进行拆装，了解往复泵的结构、工作原理和各零部件的装配关系。	
任务要求	
本学习子情境对学生的要求： ①课前通过各种教学资源，对往复泵的类型、结构和工作原理有一初步的了解； ②了解往复泵在企业中的应用； ③提高安全意识，一切行动听指挥。	
工作任务	
①准备好拆装所需要的工具和量具。 提示：在充分了解泵的结构特点后，有目的地准备拆装所用的工具和量具。	
②学习往复泵的结构和工作原理。 提示：通过动画和教学资源学习讨论往复泵的类型、结构和工作原理。	
③确定往复泵的拆卸方案。 提示：通过教学资源，每个小组共同研究确定拆装方案。	
④小组合作进行拆卸。 提示：根据制订的方案进行实际操作。	
⑤对拆卸下来的零件进行测绘，并绘制传动机构的零件草图。 提示：掌握零件的测绘和绘制方法。	
⑥确定往复泵的装配方案。 提示：充分考虑配合部分的要求，静密封垫的制作，涂抹润滑油等。	
⑦往复泵常出现的故障原因及处理办法。 提示：通过教材和检修手册获取知识。	

【任务实施】

一、往复泵的分类

（1）按泵头的型式分类　可分为活塞（柱塞）泵和隔膜泵，如图 5-7 所示。

① 活塞式往复泵　泵缸内的主要工作部件是活塞。

② 柱塞式往复泵　泵缸内主要工作部件是柱塞。

③ 隔膜式往复泵　依靠隔膜片的来回鼓动达到吸入和排出液体的目的。

（2）按作用特点分类　可分为单作用泵、双作用泵、差动泵。

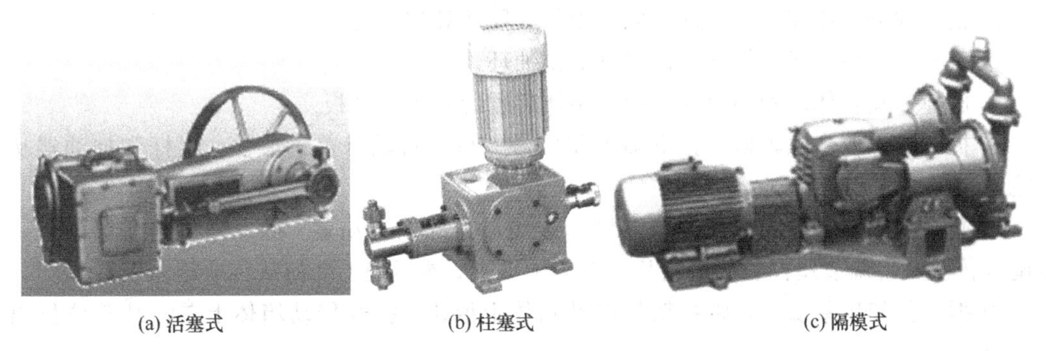

(a) 活塞式　　(b) 柱塞式　　(c) 隔模式

图 5-7　往复泵

二、认识柱塞式往复泵的结构

柱塞式往复泵的结构见图 5-8。

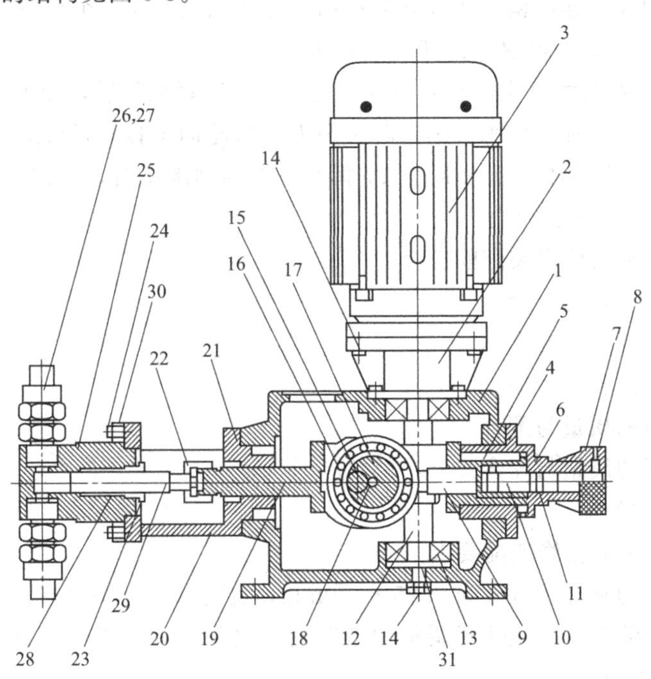

图 5-8　柱塞式往复泵的结构

1—箱体；2—电机连接头；3—电机；4,11,21—密封件；5,18—键；6—调节器；7—手轮；8—紧定螺钉；9—调节顶杆；10—调节杆；12—蜗杆；13—轴承；14—调节螺钉；15—主轴；16—滚轮；17—偏心轮；19—顶杆；20—泵头连接头；22—柱塞压紧帽；23—填料压紧帽；24—螺钉；25—泵头；26—单向阀；27—接管阀；28—填料；29—柱塞；30—泵头压板；31—轴承垫板

三、柱塞式计量泵的检修拆卸步骤

① 拆下进出口管路上法兰及阀座压紧螺栓后，即可依次取出阀套，阀球限位片、阀球、阀座。

② 拆下缸盖紧固螺栓，即可取出缸盖、隔膜、限位板。

③ 把柱塞移向前死点，将柱塞从十字头上旋出，松开填料压紧螺母后即可向外移出柱塞。

④ 拆下隔膜液压缸与机座的连接螺栓，即可取下液压缸，一般情况下，此缸都不用取下。

⑤ 松开油环的压盖螺栓，即可取出填料、隔环和柱塞套。

⑥ 松开刮油环的压盖螺栓，即可取下刮油环。

⑦ 放掉传动箱体内的润滑油，拆下箱体后端的有机玻璃板。

⑧ 拆电机，取出联轴器，拧下轴承盖压紧螺母，将轴承盖、轴承、蜗杆和抽油器从传动箱体拿出。

⑨ 联系仪表工，拆除行程调节电机的接线，打开调节箱盖，拆下调节箱压紧螺母，旋转调节转盘，将调节丝杠和调节箱从上套筒上取下，然后把上套筒从传动箱体上拆下。

⑩ 拆下托架压紧螺母，将托架从传动箱体上取出，打开传动箱体上盖，从箱体拆出十字头销。

⑪ 轻轻向上拉出滚针座（注意：尽可能地让滚针留在连杆大瓦内，以免在向上拿滚针座时，滚针掉入传动箱内），再小心地把滚针一根根检出，不可遗漏。

⑫ 一人轻轻把连杆连同偏心块分开后取出（要注意只有在一个合适的位置才可取出）。

⑬ 向上拉出 N 轴，即可取出连杆、偏心块套。

⑭ 松开 N 轴上内六角螺栓，取下轴承压盖，卸下锁紧螺母后，即可拆下轴承、轴承箱。

⑮ 当需要更换蜗轮轴上轴承或蜗轮时可用力把蜗轮向上拔，如果配合过紧而拔不出时，把箱体的地脚拆掉，把箱体吊起并倒过来，拆开下面的轴承压盖，用铜棒敲出。

四、柱塞式计量泵的装配

1. 柱塞式计量泵的检修装配前检查

① 阀座与阀球质量与配合。

② 阀座与阀套质量与配合。

③ 检查所有通油孔应干净。

④ 柱塞与填料的质量与配合。

⑤ 蜗轮、蜗杆的质量与配合。

⑥ 滚动轴承质量。

2. 柱塞式计量泵的检修装配要求

① 阀座与阀球的吻合线宽度为 0.25～2.0mm，且吻合线上不得有锈蚀、麻点等缺陷。

② 阀座与阀套装配时，应注意调整两者密封面之间垫片，以中间的限位片不能上下移动，又不能压死为最佳。

③ 柱塞与填料的配合面粗糙度为 $Ra1.6$，填料全部装进之后，不应立即压紧，而要在泵启动后，有适量油从填料处出后，再慢慢向里压紧填料，达到无泄漏要求。

④ 滚动轴承装入轴颈后，其内圈端面必须紧贴轴肩，可用 0.05mm 塞尺检查，不得通过。

⑤ 蜗轮、蜗杆配合要求。蜗轮、蜗杆的顶间隙应为（0.2～0.3）m（m 为模数）。蜗轮、蜗杆应正确啮合，啮合接触面积沿齿高不少于60%，沿齿长不少于65%，正确的啮合位置应接近蜗杆出口处，不得左右偏移；蜗轮，蜗杆啮合的侧间隙应为0.13～0.26mm，侧间隙可用塞尺法、压铅法测量；蜗杆、蜗轮的装配应需灵活，蜗杆在任何位置上的转力应基本一致。

⑥ 其他配合要求如下。

a. 连杆大小瓦与滚针和十字头销的配合为H6/m6，粗糙度为$Ra1.6$，小瓦间隙允许0.04～0.09mm，大瓦允许0.1～0.2mm：用涂色法检查轴瓦的接触面积，应不小于2点/cm^2且分布均匀，大小瓦上不得有裂纹、砂眼、破损、气孔等，润滑良好。

b. 偏心块、N轴配合粗糙度$Ra1.6$，两者的偏 心角应一致，装配起来应上下滑动，转动灵活，无卡阻现象，有关尺寸应符合图样要求，N轴上的滚动轴承装配好后应转动灵活，无窜动，轴承无走外圈现象。

c. 十字头与柱塞连接应可靠，没有松动现象。

d. 装配时应调整上套筒与箱体之间的垫片，应使蜗轮转动灵活，推力轴承上下间隙不超过0.05mm；装配好后，盘车应轻松，无轻重感，设备运行时，上下调节行程应轻松，无卡阻或轻重现象。

知识点一　往复泵的特性

往复泵的特性和离心泵有较大差异。离心泵的扬程、压力是受叶片直径、叶片角、转速、流量等决定的，扬程和流量组成一个流量扬程特性曲线。泵制成后，运行流量则由泵特性和管路特性共同决定。

一、往复泵的流量

在任何排出压力下，往复泵的流量基本上是不变的。要大幅度调节流量，必须更换缸套尺寸，或者设法变速（变动冲程数）。用管线上阀门对往复泵的流量进行调节，其幅度不会很大。往复泵的理论流量决定于活塞往复一次的全部体积，对于一定形式的往复泵，理论流量是恒定的。在实际运行中，往复泵的实际流量比理论流量小，且随着压头的增高而减小，这是因为填料泄漏、阀门开启、关闭滞后等漏失所致。

二、往复泵的压力

往复泵的实际运行压力和系统管路有关，也就是取决于管路系统的背压。只要电动机的功率、泵本身及管道材料强度足够，从理论上讲，往复泵的排出压力可以无限高。因此往复泵在工作时，不允许将排出阀关死，并要在排出管路上安装安全阀。

三、工作特性

往复泵是利用活塞的往复运动，改变汽缸容积进行吸液和排液的。在活塞挤向缸头时，比较容易把空气挤出，所以可以保持较大真空度，容易吸入流体，不易产生抽空现象。

四、冲击和振动

因往复泵工作时，周期性地排出液体，流量是不均匀的，泵在运行中容易产生冲击和振动。往复泵的流量脉动随柱塞或活塞的缸数而变化。在许多场合，为获得较均匀的流量，常将三个单作用往复泵铸成一个泵体，即做成三联泵。

五、往复泵的应用场合

往复泵适用于高压力和小流量，容积泵的效率高于动力式泵，而且效率曲线的高效区较宽。往复泵的效率一般为70%～85%，高的可达90%以上。即使在不同的扬程和流量下工作，仍有较高的效率。往复泵的功率和效率的计算与离心泵相同。

知识点二　往复泵主要零部件及检修

一、往复泵的主要零部件

各种往复泵具体结构不尽相同，但它们的基本结构都是由液力端（泵缸）和动力端（传动机构）两部分组成。往复泵泵缸主要由缸体、活塞（柱塞）、密封装置、吸入阀和排出阀等组成；往复泵的动力端（传动机构）主要由曲轴箱、曲轴、连杆、十字头、十字头销、轴承等组成。连接往复泵液力端与动力端的主要部件是中体。

二、往复泵的检修内容

往复泵检修的目的是在满足工艺条件的前提下，能保证安全平稳运行。检修内容的确定主要依据泵运行的时间、运行的状态和生产工艺对泵的要求来确定。通常，除日常维护外要根据泵的具体情况确定是否进行小修、中修或大修。

三、电动往复泵的主要零部件的检修

(1) 缸体　缸体作为承压和摩擦件，主要是检查有无裂纹和内表面的磨损情况，包括水压试验、几何形状和粗糙度的检查修理。

(2) 活塞（柱塞）组件　往复泵的柱塞或活塞是用来传递产生压力的主要部件，主要检查修理变形和磨损情况，包括几何形状、粗糙度和相关的配合间隙。

(3) 轴封装置　检查修理机械密封（填料）部位，对损坏的件、磨损严重的件、易损件予以更换，使其达到良好的密封状态。

(4) 进、出口阀　主要检查修理阀座与阀芯（片）密封面、弹簧的磨损、腐蚀情况。

(5) 曲轴　柱塞或活塞由外力源通过曲轴来驱动。主要检查有无裂纹、几何形状和表面磨损情况。

(6) 连杆（螺栓）　主要检查有无裂纹、变形和相关配合面的磨损。

(7) 十字头（销、滑板）　动力往复泵的十字头作往复运动并把柱塞力传到十字头销。主要检查有无裂纹、相关配合面的间隙和磨损情况。详细内容和具体标准检定见《电动往复泵维护检修规程》(SHS 01015—2004)。

知识点三　往复泵的故障原因及处理方法

往复泵的故障原因及处理方法见表5-5。

表5-5　往复泵的故障原因及处理方法

序号	故障现象	故障原因	处理方法
1	流量不足或输出压力太低	①吸入管道阀门稍有关闭或阻塞，过滤器堵塞 ②阀接触面损坏或阀面上有杂物使阀面密合不严 ③柱塞填料泄露	①打开阀门、检查吸入管和过滤器 ②检查阀严密性，必要时更换阀门 ③更换填料或拧紧填料压盖
2	阀剧烈敲击声	阀的升程过高	检查并清洗阀门升程高度

续表

序号	故障现象	故障原因	处理方法
3	压力波动	①安全阀导向阀工作不正常 ②管道系统漏气	①调校安全阀，检查、清理导向阀 ②处理漏点
4	异常响声或振动	①原轴与驱动机同轴度不好 ②轴弯曲 ③轴承损坏或间隙过大 ④地脚螺栓松动	①重新校正 ②校直轴或更换新轴 ③更换轴承 ④紧固地脚螺栓
5	轴承温度过高	①轴承内有杂物 ②润滑油质量或油量不符合要求 ③轴承装配质量不好 ④泵与驱动机对中不好	①清除杂物 ②更换润滑油、调整油量 ③重新装配 ④重新找正
6	密封泄漏	①填料磨损严重或填料老化 ②柱塞磨损	①更换填料 ②更换柱塞

《往复泵维护与检修》考核项目及评分标准

考核要求	①能够正确使用各种拆装工具。 ②通过课前预习了解往复泵相关知识。 ③能够清楚了解往复泵的应用场合。 ④团队合作，文明操作。			
考核内容	序号	考核内容	分值	得分
考核准备	1	工作着装、环境卫生	5	
	2	工作安全，文明操作	5	
考核知识点	3	往复泵的类型和结构	10	
	4	往复泵的工作原理和特性	10	
	5	柱塞式往复泵的拆装方案	10	
	6	柱塞式往复泵的拆装过程	15	
	7	往复泵的主要零部件及检修	10	
	8	螺杆泵常出现的故障及处理	10	
团队协作	9	团队合作能力	10	
	10	自主操作能力	5	
	11	是否为中心发言人	5	
	12	是否是主操作人	5	
考核结果				
组长签字				
实训教师签字				
任课教师签字				

学习子情境三　屏蔽泵和旋涡泵的维护与检修

<table>
<tr><td>学习情境五</td><td>特殊泵维护与检修</td></tr>
<tr><td>学习情境一</td><td>屏蔽泵和旋涡泵的维护与检修</td></tr>
<tr><td>小组</td><td></td></tr>
<tr><td>工作时间</td><td>4 学时</td></tr>
<tr><td colspan="2">案例引入</td></tr>
<tr><td colspan="2">对实训室内屏蔽泵和旋涡泵进行拆装，了解屏蔽泵和旋涡泵的结构、工作原理和各零部件的装配关系。</td></tr>
<tr><td colspan="2">任务要求</td></tr>
<tr><td colspan="2">本学习子情境对学生的要求：
①课前通过各种教学资源，对屏蔽泵和旋涡泵的结构和工作原理有一初步的了解；
②了解屏蔽泵和旋涡泵在企业中的应用；
③掌握屏蔽泵和旋涡泵的维护与检修规程；
④提高安全意识，一切行动听指挥。</td></tr>
<tr><td colspan="2">工作任务</td></tr>
<tr><td colspan="2">①准备好拆装所需要的工具和量具。
提示：在充分了解屏蔽泵和旋涡泵的结构特点后，有目的地准备拆装所用的工具和量具。</td></tr>
<tr><td colspan="2">②确定屏蔽泵拆卸方案，并进行拆卸。
提示：通过教学资源，每个小组共同研究确定拆装方案。</td></tr>
<tr><td colspan="2">③确定旋涡泵的拆卸方案，并进行拆卸。
提示：通过教学资源，每个小组共同研究确定拆装方案。</td></tr>
<tr><td colspan="2">④对拆卸下来的屏蔽泵和旋涡泵的零件进行测绘并绘制转动零件的草图。
提示：掌握齿轮和轴类零件的测绘和绘制方法。</td></tr>
<tr><td colspan="2">⑤确定屏蔽泵的装配方案，并进行装配。
提示：充分考虑配合部分的要求，静密封垫的制作，涂抹润滑油等。</td></tr>
<tr><td colspan="2">⑥确定旋涡泵的装配方案，并进行装配。
提示：充分考虑配合部分的要求，静密封垫的制作，涂抹润滑油等。</td></tr>
</table>

【任务实施】

一、认识屏蔽泵

1. 屏蔽泵的原理和结构特点

如图 5-9、图 5-10 所示，屏蔽泵是用同一根轴将电机的转子和泵的叶轮固定在一起，然后用屏蔽套将这一组转子屏蔽住。而电机的定子围绕在屏蔽套的四周，屏蔽套是由金属制成的，因此动力可以通过磁力场传递给转子。而整个转子都在被泵送液体中运转。屏蔽的端部靠法兰或焊接的结构实现静密封。屏蔽套实际上是一个压力容器。图 5-9 中定子的内表面和转子的外表面装有耐腐蚀金属薄板制造的定子屏蔽套和转子屏蔽套。各自端面用耐腐蚀金属薄板与它们焊接，与被输送液体分隔，使定子绕组铁芯和转子铁芯不受浸蚀。除了屏蔽套之外，还有一个部件是循环管，利用泵送液体对轴承润滑与冷却，有时也对电机冷却。屏蔽泵的轴向力平衡方式，通常采用自动推力平衡装置，有时也选用叶轮背面装有径向叶片，即背叶轮推力平衡机构。

图 5-9　屏蔽泵实物

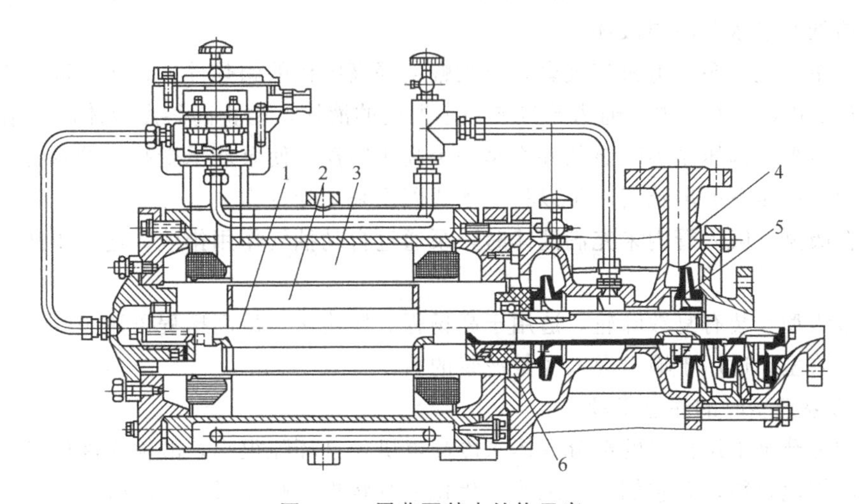

图 5-10　屏蔽泵基本结构示意

1—轴；2—转子；3—定子；4—泵体；5—叶轮；6—轴承

2. 屏蔽泵的优缺点

(1) 屏蔽泵的优点

① 全封闭。结构上没有动密封，只有在泵的外壳处有静密封，因此可以做到完全无泄漏，特别适合输送易燃、易爆、贵重液体和有毒、腐蚀性及放射性液体。

② 安全性高。转子和定子各有一个屏蔽套使电机转子和定子不与物料接触，即使屏蔽套破裂，也不会产生外泄漏的危险。

③ 结构紧凑占地少。泵与电机系一整体，拆装不需找正中心。对底座和基础要求低，且日常维修工作量少，维修费用低。

④ 运转平稳，噪声低，不需加润滑油。由于无滚动轴承和电动机风扇，故不需加润滑油，且噪声低。

⑤ 使用范围广。对高温、高压、低温、高熔点等各种工况均能满足要求。

(2) 屏蔽泵的缺点

① 由于屏蔽泵采用滑动轴承，且用被输送的介质来润滑，故润滑性差的介质不宜采用屏蔽泵输送。一般地适合于屏蔽泵介质的黏度为0.1～20mPa·s。

② 屏蔽泵的效率通常低于单端面机械密封离心泵，而与双端面机械密封离心泵大致相当。

③ 长时间在小流量情况下运转，屏蔽泵效率较低，会导致发热、使液体蒸发，而造成泵干转，从而损坏滑动轴承。

3. 屏蔽泵的型式及适用范围

根据输送液体的温度、压力、黏度和有无颗粒等情况，屏蔽泵可分为以下几种。

(1) 基本型　输送介质温度不超过120℃，扬程不超过150m。其他各种类型的屏蔽泵都可以在基本型的基础上，经过变型和改进而得到。

(2) 逆循环型　在此型屏蔽泵中，对轴承润滑、冷却和对电机冷却的液体流动方向与基本型正好相反。具主要特点是不易产生汽蚀，特别适用于易气化液体的输送，如液化石油气、一氯甲烷等。

(3) 高温型　一般输送介质温度最高350℃，流量最高300m³/h，扬程最高115m，适用于热介质油和热水等高温液体。

(4) 高熔点型　泵和电机带夹套，可大幅度提高电机的耐热性。适用于高熔点液体，温度最高可达250℃。夹套中可通入蒸汽或一定温度的液体，防止高熔点液体产生结晶。

(5) 高压型　高压型屏蔽泵的外壳是一个高压容器，使泵能承受很高的系统压力。为了支承处于内部高压下的屏蔽套，可以将定子线圈用来承受压力。

(6) 自吸型　吸入管内未充满液体时，泵通过自动抽气作用排液，适应于从地下容器中抽提液体。

(7) 多级型　装有复数叶轮，适用于高扬程流体输送，最高扬程可达400m。

(8) 泥浆型　适用于输送混入大量泥浆的液体。

4. 屏蔽泵选型时的注意事项

一般的屏蔽泵采用输送的部分液体来冷却电机，且环隙很小，故输送液体必须洁净。对输送多种液体混合物，若它们产生沉淀、焦化或胶状物，则此时选用屏蔽泵（非泥浆型）可能堵塞屏蔽间隙，影响泵的冷却与润滑，导致烧坏石墨轴承和电机。

屏蔽泵一般均有循环冷却管，当环境温度低于泵送液体的冰点时，则宜采用伴管等防冻措施，以保证泵启动方便。另外屏蔽泵在启动时应严格遵守出口阀和入口阀的开启顺序，停泵时先将出口阀关小，当泵运转停止后，先关闭入口阀再关闭出口阀。

总之，采用屏蔽泵，完全无泄漏，有效地避免了环境污染和物料损失，只要选型正确，操作条件没有异常变化，在正常运行情况下，几乎没有什么维修工作量。屏蔽泵是输送易燃、易爆、腐蚀、贵重液体的理想用泵。

5. 屏蔽泵的检修

(1) 屏蔽泵的几种损坏情况

① 石墨轴承、轴套和推力板磨损或润滑液短缺发生干磨而损坏。

② 定、转子屏蔽套损坏造成屏蔽套损坏的原因，主要是轴承损坏或磨损超过极限值而造成定、转子屏蔽套相擦而损坏；其次由于化学腐蚀造成焊缝等处产生泄漏。

③ 定子绕组损坏除和普通电机一样有过载、匝间短路、对地击穿等造成定子绕组损坏的原因外，还有因定子屏蔽套损坏而导致介质侵蚀电机绕组使绕组绝缘损坏。

(2) 屏蔽泵的定期检修　为了避免和减少屏蔽泵的突然损坏事故，屏蔽泵需要定期检修。如遇有轴承监视器“报警”时，须立即进行检修。化工装置一般是连续运行，屏蔽泵的定期检修也只有在装置计划停车时进行。对大多数屏蔽泵一年检修一次即可。

(3) 屏蔽泵的检修方法　将屏蔽泵进行解体，对各零件先进行清理，再对它们作外观检查，是否有异常。然后对关键部位的尺寸进行测量，对电机绕组作电气检查。

① 机械检查。测量石墨轴承的孔径和轴套的轴径，并查看它们配合面的光洁度。如石墨轴承和轴套的配合间隙超过检修标准的规定（0.55～11kW 配合间隙，直径差为 0.4mm；15～45kW 配合间隙，直径差为 0.5 mm）或配合面光洁度不良时，需根据情况更换轴承、轴套或推力板。测量检查叶轮的上、下外止口和与它们相配合的扣环及泵座内径的尺寸，这两个配合间隙是否在检修标准规定的范围内，超差时需更换零件或采取其他措施（如堆焊、镶套）使配合间隙达到规定要求。否则将影响泵的性能、流量、扬程、轴向平衡力等。观察检查定、转子屏蔽套的外观情况，尤其要注意焊缝处有无异常情况，必要时应作探伤、检漏检查。经过长期运行后，转动部分的平衡情况可能有变化。因此，有必要将转子连同叶轮等旋转零件组装在一起做动平衡试验。

② 电气检查。直流电阻检查：三相电阻的不平衡度不得超过 2。

③ 绝缘电阻检查。屏蔽泵电机绕组的绝缘电阻一般能达到 100MΩ 以上。如低于 5MΩ 时需分析原因，绝缘是否受潮，或屏蔽套是否有泄漏点等，如经定子屏蔽套检漏无问题，则纯属绝缘受潮，需进行干燥处理，如定子屏蔽套有问题，则需更换屏蔽套。

④ 屏蔽泵的恢复性大修。如遇绕组或屏蔽套损坏的屏蔽泵，则需进行恢复性大修。损坏情况大体分为两种：一种是定子屏蔽套良好，而定子绕组发生对地相间击穿，线圈匝间短路，过载而造成绕组烧毁。另一种是由于定子屏蔽套损坏而使介质侵入定子绕组致使定子绕组损坏。不论哪种情况，均需更换定子线圈和屏蔽套。由于屏蔽泵结构特殊，更换定子绕组变得比较复杂，必须拆除定子屏蔽套及两端封板，才能拆除定子绕组。修复绕组后，又必须重新制作新的屏蔽套和封板。其材料要求特殊，且制作精度也要求较高。

二、旋涡泵

旋涡泵（也称涡流泵）如图 5-11 所示，是一种小流量、高扬程、比转速低的叶片式泵，其种类很多，按其结构主要可分为一般旋涡泵、离心旋涡泵和自吸旋涡泵等。

1. 旋涡泵工作原理

旋涡泵的叶轮有开式和闭式两种，开式叶轮的结构如图 5-12 所示 。当叶轮旋转时，在叶片入口边部分，产生旋涡运动，其旋转中心线平行于叶轮半径方向。它是靠纵向旋涡来传

图 5-11 旋涡泵

递能量的，泵内的液体分为两部分：叶片间的液体和流道内的液体。当叶轮旋转时，在离心力的作用下，叶轮内液体的圆周速度大于流道内液体的圆周速度，故形成“环形流动”。液体在旋涡泵内形成的旋涡运动不断使液体进入和流出叶轮，每进一次叶轮，液体的能量就增加一次。

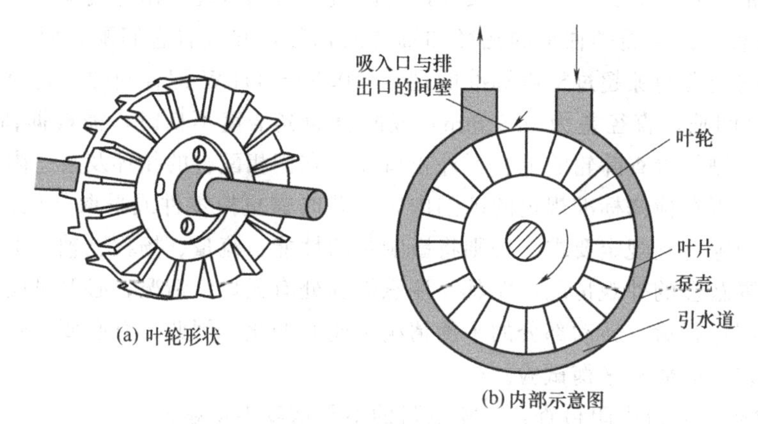

图 5-12 开式叶轮

2. 旋涡泵的特点

① 旋涡泵结构简单、紧凑、体积小、重量轻。

② 具有陡降的扬程特性曲线，对系统中的压力波动不敏感。

③ 在相同条件下，单级旋涡泵的扬程要比单级离心泵高。

④ 旋涡泵具有自吸能力或借助于简单装置来实现自吸。

3. 旋涡泵出现故障的原因及解决方法

旋涡泵出现故障的原因及解决方法见表 5-6。

表 5-6 单级旋涡泵故障原因与解决方法

故障	原因	解决方法
旋涡泵流置不足或不出液体	①管路阻力太大或都堵死 ②叶轮与泵体和泵盖间的间隙过大	①清理疏通管路 ②减少泵盖止口处纸垫的厚度，使间隙达到设计要求
单级旋涡泵扬程不够	①叶轮与泵体和泵盖间的间隙过大 ②叶轮磨损或损伤	①减少泵盖止口纸的厚度，使间隙达到设计要求 ②更换叶轮

续表

故　　障	原　　因	解决方法
直联式旋涡泵泄漏量大	机械密封端面磨损严重	更换特制密封体
不锈钢旋涡泵电机过热	①三相电源不平衡甚至缺相 ②线路电压降过大 ③泵与泵体或泵盖有磨损 ④泵内有杂物使叶轮咬住 ⑤扬程高	①迅速调整电源 ②增加电机引出线截面积 ③调整间隙至合适 ④清除杂物重新修整 ⑤如果管路阻力大，清理管路；如果超出范围，调整压出管路阀门，使泵在规定范围内运转

《屏蔽泵和旋涡泵的维护与检修》考核项目及评分标准

考核要求	①能够正确使用各种拆装工具。 ②通过课前预习了解屏蔽泵和旋涡泵相关知识。 ③能够清楚了解这两种泵的应用场合。 ④团队合作，文明操作。			
考核内容	序号	考核内容	分值	得分
考核准备	1	工作着装、环境卫生	5	
	2	工作安全，文明操作	5	
考核知识点	3	屏蔽泵的工作原理和结构	10	
	4	旋涡泵的工作原理和结构	10	
	5	屏蔽泵的拆装方案和过程	15	
	6	螺杆泵的拆装方案和过程	10	
	7	屏蔽泵常出现的故障及处理	10	
	8	旋涡泵常出现的故障及处理	10	
团队协作	9	团队合作能力	10	
	10	自主操作能力	5	
	11	是否为中心发言人	5	
	12	是否是主操作人	5	
考核结果				
组长签字				
实训教师签字				
任课教师签字				

参考文献

[1] 张麦秋主编. 化工机械安装修理. 北京：化学工业出版社，2006.
[2] 傅伟主编. 化工用泵检修与维护. 北京：化学工业出版社，2010.
[3] 杨雨松等编著. AtuoCAD 2008 中文版实用教程. 北京：化学工业出版社，2009.
[4] 任晓善主编. 化工机械维修手册：上卷. 北京：化学工业出版社，2003.
[5] 任晓善主编. 化工机械维修手册：中卷：北京：化学工业出版社，2004.
[6] 任晓善主编. 化工机械维修手册：下卷：北京：化学工业出版社，2004.
[7] 张麦秋，傅伟主编. 化工机械安装修理：北京：化学工业出版社，2010.